JN312200

絵とき

穴あけ加工
基礎のきそ

Mechanical Engineering Series

海野邦昭 [著]
Unno Kuniaki

日刊工業新聞社

はじめに

勾玉(まがたま)に見られるように、穴あけ加工は古代より高度な技術です。「工」という字は、宗教的に見れば、天と地を表していると言われています。また加工技術から見れば、平面と穴の加工ではないでしょうか。古代における平面加工の代表的なものは鏡で、また穴あけ加工は勾玉だと思います。鏡が太陽ならば、勾玉は月でしょう。このように穴あけ加工はいつの時代も高度な技術なのです。

たとえば現在も、ジーゼルエンジン噴射ポンプのノズル、プリント基板極細線用のダイヤモンドダイス、金型スリーブピン、ハイテク繊維用のノズルおよび油圧機器など、その精密穴あけ加工技術は非常に重要です。

従来の穴あけ加工はドリルやリーマなどの切削工具によるものが主流でしたが、最近は超音波加工、超音波切削・研削、アブレーシブジェット加工、マイクロブラスト加工、放電加工およびレーザ加工など、多くの加工方法が用いられています。

今仮りに、ドリルで10mmの穴を加工することを考えれば、それは比較的簡単ですが、ドリル直径が1mmの場合は、多少、困難になります。そしてドリル直径が0.1mm以下になると、そのドリルを用いて深さ1mmを超える小径穴を加工するのは、一般的には困難と言えます。そのため、ドリルで穴を加工することは、必ずしもやさしいこととは言えません。

皆さんの使っている携帯電話などには、プリント基板が使われています。このプリント基板などに直径0.1mmの穴を多数個加工することは、高度な技術と言えます。このように精密穴あけ加工技術は現在のハイテク産業を支えているのです。このようなことはあまり一般には知られていません。そこで何とか今の若い人達にこのようなことを知ってもらい、精密加工技術に興味を持って

もらいたいと考えておりました。

　このような折り、有り難いことに日刊工業新聞社の奥村功氏と新日本編集企画の飯嶋光雄氏より、やさしい絵ときで「穴あけ加工　基礎のきそ」を執筆したらというお誘いを受けました。切削や研削などの加工に関しては、ある程度のデータがありましたが、レーザ加工やウォータジェット加工などについてはあまりなかったので、執筆しようかどうか迷いました。しかしながら前述のような目的がありましたので、思い切って執筆することと致しました。執筆に当たっては難しい専門的な説明はできるだけ省略し、読者の皆さまに興味を持ってもらうことを主眼として、多くの加工事例を載せるように致しました。

　執筆に際して、職業能力開発総合大学校、広田平一名誉教授、鈴木重信准教授、和田正毅准教授、東北職業能力開発大学校、坂井儀道教授および関東ポリテクセンター、澤武一講師より多くのデータをご提供いただきました。また、三菱マテリアル、タンガロイ、岡本工作機械製作所、和井田製作所、技研、日本電子工業、岳将、三菱電機、牧野フライス製作所、日本放電技術、ソディック、藤沢精工、レーザックス、アマダおよびスギノマシンからも貴重な資料をご提供いただきました。この場を借りて厚く御礼申し上げます。

　また、ここに述べたことが、若い読者の皆様の少しでもお役に立てれば幸いと思っております。

　2009 年 6 月

海野邦昭

絵とき 穴あけ加工 基礎のきそ
目　次

はじめに …………………………………………………………………………… 1

第1章　穴あけ加工の基礎
1-1　穴の種類とその加工法 …………………………………………… 6
1-2　主な穴あけ加工用切削工具と切削条件 ………………………… 10

第2章　ボール盤による穴あけ加工
2-1　ケガキ作業 ………………………………………………………… 22
2-2　ドリルの取り付け ………………………………………………… 24
2-3　ドリルによる穴あけ加工 ………………………………………… 30
2-4　傾斜面への穴あけ加工 …………………………………………… 33
2-5　リーマによる穴の仕上げ加工 …………………………………… 35
2-6　薄板の穴あけ加工 ………………………………………………… 37
2-7　その他の各種穴あけ加工 ………………………………………… 40

第3章　旋盤による穴あけ加工
3-1　旋盤と穴あけ加工の例 …………………………………………… 46
3-2　センタ穴ドリルの取り付け ……………………………………… 47
3-3　センタ穴の加工 …………………………………………………… 49
3-4　ストレートシャンクドリルの取り付け ………………………… 51
3-5　テーパシャンクドリルの取り付け ……………………………… 53
3-6　テーパシャンクドリルによる穴あけ加工 ……………………… 55
3-7　穴ぐりバイトによる穴あけ加工 ………………………………… 57
3-8　各種スローアウエイ穴ぐりバイトと穴あけ加工 ……………… 59

第4章　フライス盤による穴あけ加工
4-1　クイックチェンジホルダの取り付け …………………………… 62
4-2　ストレートシャンクドリルの取り付け ………………………… 65
4-3　テーパシャンクドリルの取り付け ……………………………… 70
4-4　穴あけ加工用工作物の取り付け ………………………………… 72
4-5　ドリルによる穴あけ加工 ………………………………………… 74
4-6　リーマによる穴仕上げ …………………………………………… 76

4-7	ボーリングヘッドを用いた中ぐり加工	78
4-8	エンドミルを用いたコンタリング加工	80
4-9	その他の各種穴あけ加工	85

第5章　研削盤による穴あけ加工

5-1	内面研削盤による穴あけ加工	88
5-2	ジグ研削盤による穴あけ加工	93
5-3	センタ穴研削	97

第6章　超音波を利用した穴あけ加工

6-1	超音波加工による穴あけ	100
6-2	超音波研削による穴あけ加工	104
6-3	超音波切削による穴あけ加工	114
6-4	超音波内面研削による穴あけ加工	116

第7章　放電加工による穴あけ加工

7-1	放電現象と放電加工	118
7-2	放電加工機とその概要	119
7-3	形彫り放電加工による細穴あけ加工	120
7-4	ワイヤカット放電加工機による穴あけ加工	128

第8章　レーザによる穴あけ加工

8-1	レーザ加工とは	132
8-2	CO_2 レーザによる穴あけ加工	135
8-3	ファイバレーザによる穴あけ加工	138
8-4	YAG レーザによる穴あけ加工	140
8-5	エキシマレーザによる加工	142

第9章　ウォータジェットによる穴あけ加工

9-1	ウォータジェット加工とは	144
9-2	ウォータジェット加工機とその構成	145
9-3	5軸制御アブレーシブジェット加工機による穴あけ加工	147

参考文献	149
索　引	150

第1章

穴あけ加工の基礎

　一口に穴と言っても、貫通穴、止まり穴、段付き穴、テーパ穴およびねじ穴など、多くの種類があります。また穴あけ加工の方法にも、切削工具を回転する方式や工作物を回転する方式があります。そして加工の仕方にも、むく穴加工、繰り広げおよび仕上げがあり、それぞれ加工条件などが異なります。ここではこれら穴あけ加工の基本となる穴の種類、その穴をあけるための切削工具およびその工具に応じた切削条件などについて述べています。

1-1 ● 穴の種類とその加工法

（1） 主な加工穴

主な加工穴には、**図1-1**に示すように、貫通穴（通し穴）、止まり穴、断続穴、段付穴、テーパ穴、ねじ穴およびセンタ穴などがあります。

（2） 穴あけ加工の方法

穴を加工する方法には、**図1-2**に示すように、むく穴加工、繰り広げおよび仕上げなどがあります。むく穴加工は工作物に下穴をあけずに、

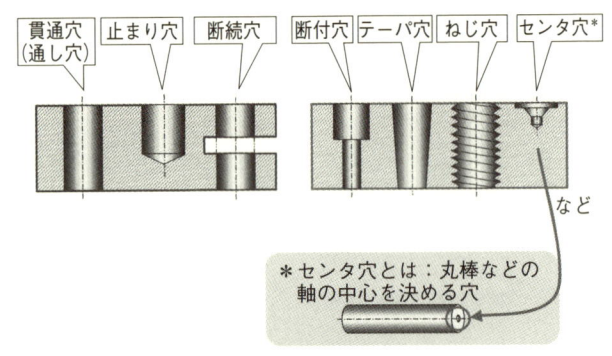

図 1-1　穴の種類 （三菱マテリアル）

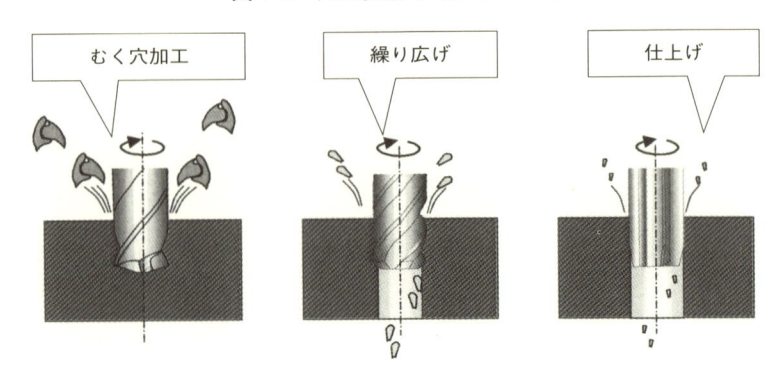

＊センタ穴とは：丸棒などの軸の中心を決める穴

図 1-2　穴の加工方法 （三菱マテリアル）

直接、ドリルなどで穴あけ加工する方法です。また繰り広げは、工作物に下穴をあけ、そしてその後、直径の大きなドリルなどで、その穴径を大きく加工する方法です。そして仕上げは、工作物に下穴をあけ、その後、リーマなどで寸法・形状精度や仕上げ面を良好に加工する方法です。

また穴あけ加工方式には、工作物を固定し、切削工具を回転する切削工具回転方式（**図 1-3**）と、反対に切削工具を固定し、工作物を回転する工作物回転方式（**図 1-4**）とがあります。通常、ボール盤やフライス盤を用いたドリルによる穴あけ加工法は切削工具回転方式で、旋盤を用いる場合は工作物回転方式です。

（3）　加工穴とそれに用いられる切削工具

図 1-5 はドリルを用いて工作物を貫通して穴をあけた貫通穴です。これは通し穴とも呼ばれています。またドリルを用いて工作物を貫通せずに、**図 1-6** に示すように、その途中まで穴あけ加工したものが止まり穴です。そしてドリルを用いて工作物に下穴をあけ、その後、**図 1-7** に示すように、直径の大きなドリル、または中ぐりバイト（**図 1-8**）で工作物を貫通せず、その途中まで大きな穴を加工したものが段付穴です。これらは切削工具回転方式の穴あけ加工法です。

また、旋盤を用いて通し穴や段付穴あけ加工する場合には、ドリルとともに、**図 1-9** に示すような穴ぐりバイトを用います。

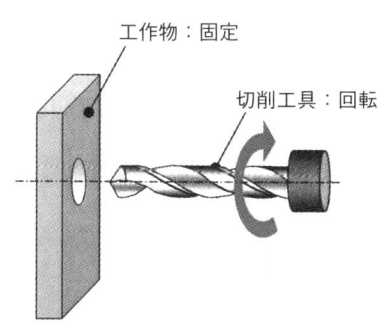

図 1-3　切削工具回転方式（タンガロイ）　　図 1-4　工作物回転方式（タンガロイ）

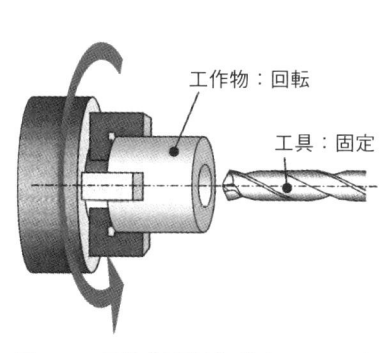

図1-5　貫通穴

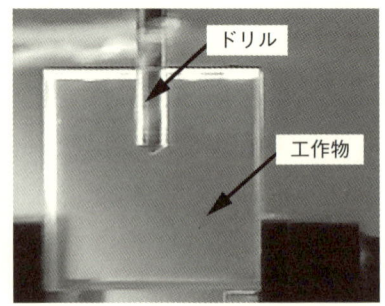

図1-6　止まり穴

図1-7　段付穴

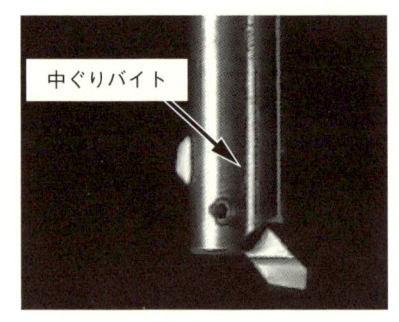

図1-8　中ぐりバイトの例

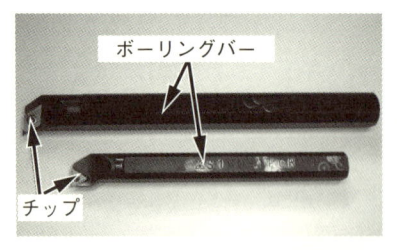

図1-9　穴ぐりバイトの例

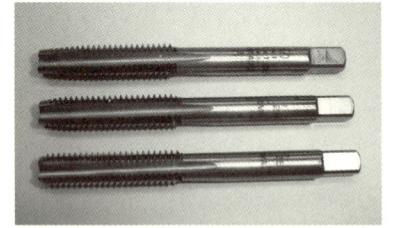

図1-10　タップの例

　次に、**図1-10**に示すのがタップで、ドリルで工作物に下穴をあけておき、そしてその穴にねじを切る切削工具です。

　図1-11にタップで加工したねじ穴を示します。この場合、ドリルであける下穴の直径が問題になりますが、近似的には、下穴ドリル径はねじの呼び径〔mm〕からそのピッチ〔mm〕を引いた値で十分です。たと

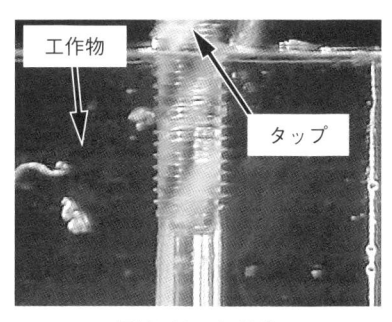

図 1-11 ねじ穴

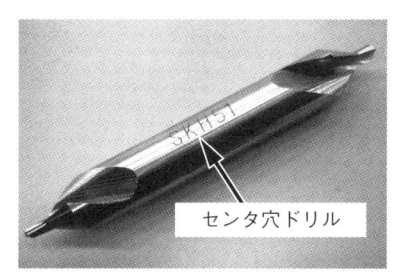

図 1-12 センタ穴ドリル

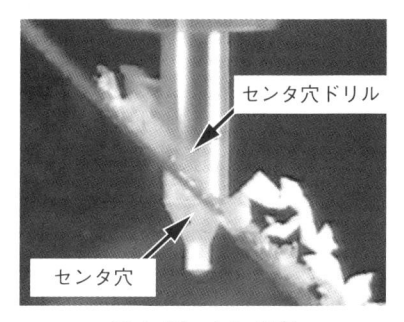

図 1-13 センタ穴

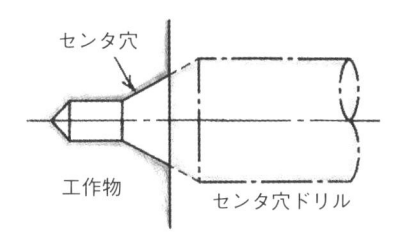

図 1-14 センタ穴の加工深さ

えばM6×1の呼びねじの場合には、下穴ドリル径は、6mm − 1mm = 5mmとして求められます。

> 下穴ドリル径〔mm〕＝ねじの呼び径〔mm〕−ねじのピッチ〔mm〕

　センタ穴は、旋盤作業や円筒研削盤作業などで、センタにより工作物を支持するためのもので、図 1-12 に示すセンタ穴ドリルで加工されます。図 1-13 にセンタ穴加工の様子を示します。この場合は、工作物の傾斜面にドリルで穴あけするための案内穴を加工しています。通常、センタで工作物を支持するためのセンタ穴あけ加工の場合、図 1-14 に示すように、センタ穴ドリルのテーパ面の約 2/3 程度の深さまで、工作物にドリルで穴を加工します。

1-2 主な穴あけ加工用切削工具と切削条件

（1） ドリル
① ドリルの種類

図1-15に各種ドリルを示します。ドリルには、材種が高速度工具鋼、超硬合金およびそれらにコーティングを施したものなどがあります。またその構造からみて、むくドリル、先むくドリル、付け刃ドリルおよびスローアウエイドリルなど、多くの種類があります。しかしながら、どのようなドリルであっても、その基本的な要素は、図1-16に示すような切りくずを作る切れ刃と切りくずを排出するための溝です。

図1-17にドリルの各部名称を示します。また表1-1はその各部の名称と簡単な説明です。作業にあたっては、これらドリル各部の名称とその働きを良く理解しておくと良いでしょう。

図1-18にストレートシャンクドリルとテーパシャンクドリルを示します。後で述べるように、シャンクの形状により、工作機械へのその取

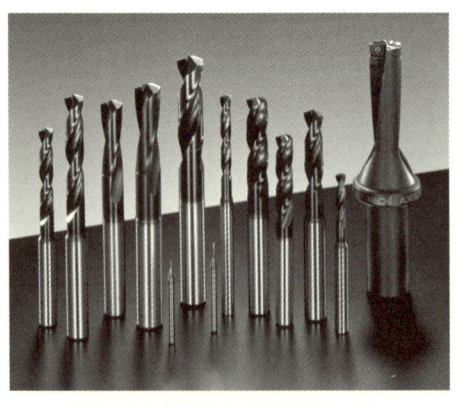

図1-15　各種ドリルの例（不二越）

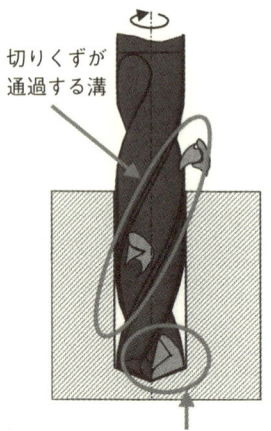

図1-16　ドリルの基本要素（タンガロイ）

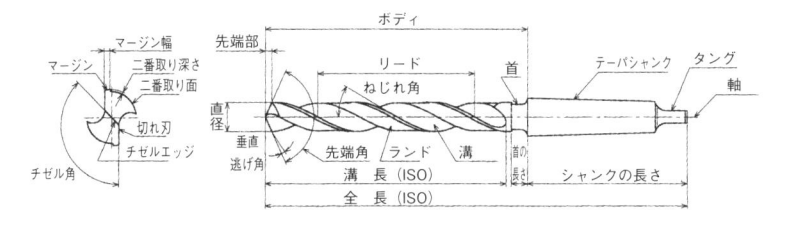

図 1-17　ドリル各部の名称（OSG）

図 1-18　ストレートシャンクドリルとテーパシャンクドリル

表 1-1　ドリル各部の名称とその説明

名　称	説　　明
溝長	ドリルに加工された溝の長さ。加工穴深さなどにより決められる
溝形状	溝の形状で、切りくずの排出性能や剛性に影響する
心厚（ウエブ）	溝の間隔で、心厚が厚くなると、溝が浅くなる。その強度に影響する
ねじれ角	ねじれ角は切れ刃のすくい角と言える。大きいほど、切削抵抗が減少
先端角	先端角は118°が一般的。大きくするとスラスト抵抗が増大する
ポイント形状	溝の先端に逃げ面を作ることにより形成された切れ刃の形状
シンニング	ドリル先端のチゼルエッジを短くし、スラスト力を軽減するもの
逃げ角	工作物との逃げを決定するもので、一般に6°〜15°の範囲で設定
シャンク	ドリル取付部の形状で、ストレートとテーパがある

り付け方が異なります。またドリル先端のチゼルエッジ（図1-17参照）は、回転の中心ですくい角が負になっています。そのためチップポケットがなく、切削速度も低いので、加工時に大きなスラスト力が発生します。そこで**図1-19**に示すように、そのチゼル幅を小さくし、スラスト力を軽減することをシンニングと呼んでいます。図は標準的なS形シンニングです。この他、シンニングには多くの方法があります。

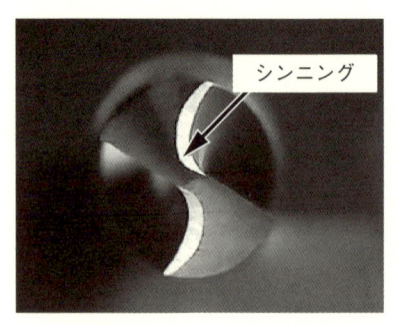

図 1-19 S形シンニング

図 1-20 ドリルの給油方法 (タンガロイ)

　また、ドリルで工作物を穴あけ加工するときの給油方法には、**図 1-20**に示すように外部より切削油剤を供給する外部給油と、内部より行う内部給油があります。通常のドリルは外部給油ですが、内部給油の場合には、**図 1-21**に示すような油穴が設けられています。切削時には、この油穴を通して切削油剤がドリルの内部より供給されます。

② **ドリル取り付け方の良否**

　ドリルを工作機械に取り付ける場合は、適切に行うことが大切です。ドリルの取り付けが適切でないと、切削時に工具を破損したり、工作物を損傷する場合があります。**図 1-22**にドリル取り付け方の良否を示し

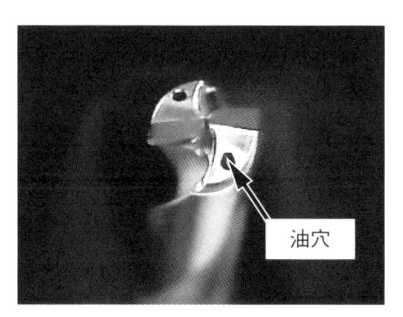

図1-21　油穴付きドリルの例

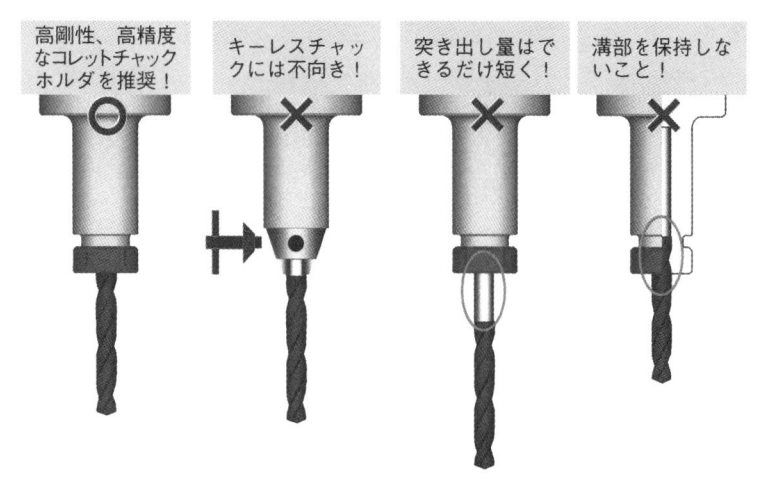

図1-22　ドリルの取り付け方の良否　(タンガロイ)

ます。ドリルを正しく取り付けるには、そのシャンク形状に応じて、ドリルチャックやスリーブ（25頁の図2-13参照）など、適切な取付具を用いることが大切です。またドリルの突き出しは、できるだけ短くし、その溝部を保持しないようにします。

③　ドリルの推奨切削条件

　ドリルで工作物を穴あけ加工する場合には、その外周切れ刃で切削速度を決めます。そしてドリルの直径と切削速度より、工作機械の主軸回転数を決定します。

> 主軸回転数 n ＝（1,000 ×切削速度 V）／（円周率 π ×ドリル直径 D）

ただし、主軸回転数は $\min^{-1}$、切削速度は m/min、ドリル直径は mm そして円周率は近似的に 3.14 です。

たとえば、直径 10 mm の高速度工具鋼製ツイストドリルを用いて、切削速度 20 m/min で鋼材を切削する場合、主軸回転数 n は、(1,000 × 20)／(3.14 × 10) となり、約 637 $\min^{-1}$ となります。

また主軸の送り速度 F はドリル 1 回転当たりの送り f と回転数 n の積となります。すなわち、

> 主軸送り速度 F ＝ドリル 1 回転当たりの送り量 f ×主軸回転数 n

ただし、主軸送り速度は mm/min、ドリル 1 回転当たりの送り量は mm/rev で、主軸回転数は $\min^{-1}$ です。

たとえば、主軸回転数が 1,000 $\min^{-1}$ で、ドリル 1 回転当たりの送り量が 0.2 mm/rev の場合は、主軸の送り速度は 0.2 × 1,000 となり、200 mm/min となります。

表 1-2 に高速度工具鋼製ツイストドリルの推奨切削速度を、また**表 1-3** にドリル 1 回転当たりの送りの目安を示します。一般的な鋼材の場合、切削速度の目安は約 20 m/min で、送りは約 0.2 mm/rev です。そして工作物がそれよりも軟らかい場合は切削速度を高くし、また硬い場合は低くします。そしてドリルの直径が小さい場合は、送りを小さくし、大きい場合は大きくします。

また鋼用超硬ドリルの推奨切削条件を**表 1-4** に、そして超硬ソリッドドリルの条件を**表 1-5** に示します。一般的な鋼材の場合、超硬ドリルの切削速度の目安は 70 m/min で、工作物がそれよりも軟らかい場合は切削速度を高くし、また硬い場合は低くします。また送りの目安は約 0.3 mm/rev で、工作物が軟らかい場合は大きくし、硬い場合は小さくします。

そして**表 1-6** にスローアウエイドリルの推奨切削条件を示します[1]。

表1-2　高速度工具鋼製ツイストドリルの推奨切削条件 (三菱マテリアル)

工作物		切削速度〔m/分〕	切削油削
炭素鋼	0.4 C 以下	24〜33	水溶性切削油またはイオウ添加油
	0.4〜0.7	18〜24	
	0.7 C 以上	12〜18	
合金鋼	60 kgf/mm² 以上	15〜18	水溶性切削油
	60〜80	9〜15	
	80 以上	5〜9	
ステンレス鋼	マルテンサイト	10〜20	不水溶性切削油（鉱油植物油）
	フェライト	15〜18	
	オーステナイト	5〜15	
鋳鉄	BHN150	25〜45	乾式
	BHN170	20〜25	
	BHN250	15〜20	

表1-3　高速度工具鋼製ツイストドリルの推奨送り (三菱マテリアル)

ドリル径〔mm〕/ 工作物	送り〔mm/rev〕					
	1.6〜3	3〜4	4〜5.5	5.5〜8	8〜11	11〜14.5
一般鋼材	0.05〜0.06	0.05〜0.1	0.08〜0.15	0.1〜0.2	0.15〜0.25	0.2〜0.3
（オーステナイト系）ステンレス鋼およびニモニック合金	0.05〜0.08	0.06〜0.15	0.1〜0.23	0.13〜0.3	0.19〜0.35	0.25〜0.45

ドリル径〔mm〕/ 工作物	送り〔mm/rev〕					
	14.5〜17.5	17.5〜20.5	20.5〜24	24〜28.5	28.5〜38	38 以上
一般鋼材	0.23〜0.33	0.25〜0.36	0.28〜0.38	0.3〜0.4	0.35〜0.45	0.4〜0.5
（オーステナイト系）ステンレス鋼およびニモニック合金	0.28〜0.5	0.31〜0.53	0.33〜0.56	0.38〜0.6	0.44〜0.68	0.5〜0.7

第1章●穴あけ加工の基礎

表1-4 鋼用超硬ドリル推奨切削条件 (三菱マテリアル)

工作物（硬さ）	切削速度〔m/分〕	送り〔mm/rev〕
軟鋼（H$_B$150以下）	50〜90	0.3 〜0.5
炭素鋼・合金鋼（H$_B$150〜250）	50〜80	0.25〜0.45
〃 （H$_B$250〜350）	40〜70	0.2 〜0.4
〃 （H$_B$350〜400）	30〜50	0.15〜0.3
ステンレス鋼	25〜40	0.25〜0.4
鋳鉄	60〜90	0.4 〜0.8

表1-5 超硬ソリッドドリルの推奨切削条件 (佐藤、渡辺)

工作物	硬さ	切削速度〔m/分〕	送り〔mm/rev〕
普通鋳鉄	HB200	30〜60	0.05〜0.2
高級鋳鉄	HB300	20〜30	0.04〜0.1
チルド鋳鉄	HB500	5〜10	0.01〜0.03
焼入れ鋼	H$_R$C45	8〜15	0.01〜0.02
高マンガン鋼		8〜12	0.01〜0.03
インコネル		10〜20	0.01〜0.03
アルミ合金		60〜200	0.05〜0.15
銅合金		60〜150	0.05〜0.1
強化プラスチック		60〜150	0.05〜0.1

表1-6 スローアウエイドリルの推奨切削条件 (佐藤、渡辺)

工作物	切削速度〔m/分〕	送り〔mm/rev〕
S45C	80〜130	0.15〜0.25
SCM4	80〜130	0.15〜0.25
SS400	80〜130	0.15〜0.18
SUS304	70〜100	0.15〜0.20
FC30	70〜130	0.15〜0.25

この場合には、切削速度の目安は100 m/minで、送りは0.2 mm/revです。作業にあたっては、これらの表を参照して、ドリルの材質と直径、そして工作物の材質に応じて、切削速度とドリル1回転当たりの送り量

表1-7 小径ドリルの切りくず切断条件 (木村)

ドリル径〔mm〕	工作物	回転数〔min⁻¹〕	送り量〔mm/rev〕	ステップ量〔mm〕
0.3	鋼	2,000～6,000	0.003	0.2
	非鉄	5,000～12,000	0.005	—
0.5	鋼	2,000～6,000	0.005	0.4
	非鉄	5,000～12,000	0.009	—
0.7	鋼	5,000～6,000	0.007	0.5
	非鉄	5,000～12,000	0.014	—
1.0	鋼	2,000～6,000	0.010	0.7
	非鉄	5,000～12,000	0.023	—
1.5	鋼	2,000～6,000	0.015	1.0
	非鉄	5,000～12,000	0.035	—

を決定してください。

　次に小径ドリルの場合の推奨切削条件です。**表1-7**に小径ドリルの切りくず切断条件を示します。小径ドリルの場合は、切りくずの排出能力が低いので、ステップ送りをして、切りくずを切断します。小径ドリルを用いて工作物に穴あけ加工をする場合は、この表を参照して、適切な切削条件を決定してください。

（2） リーマ
① リーマの種類

　図1-23にリーマの例を示します。リーマはドリルで前加工された穴（表1-11参照）の内面を寸法・形状精度と表面粗さを良好に仕上げる切削工具です。このリーマには、材質が高速度工具鋼や超硬合金のものや、その溝形状が直溝やねじれ溝など、ドリルと同様に多くの種類があります。**図1-24**は直溝のストレートシャンクリーマとテーパシャンクリーマです。シャンクの形状により、工作機械への取り付けの仕方が異なるので注意が必要です。

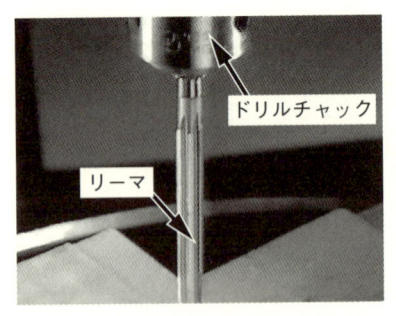

図 1-23 ドリルチャックに取り付けたリーマの例

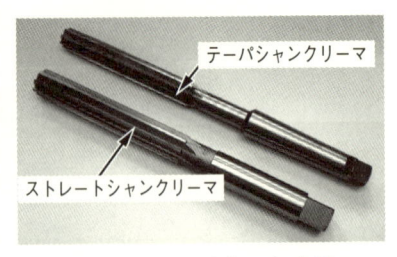

図 1-24 ストレートシャンクリーマとテーパシャンクリーマ

表 1-8 高速度工具鋼製リーマの推奨切削条件 (佐藤、渡辺)

工作物		切削速度〔m/分〕	備考
構造用炭素鋼（軟）		5～6	
合金鋼（中）		4～5	
鋳鋼（硬）		3～4	
鍛造鋼（硬）		2～3	
焼入れ鋼（硬）		2～3	H_RC30～35
高速度工具鋼		1.5～3	SKH52～55
鋳鉄	（軟）	6～8	
	（中）	5～6	
	（硬）	4～5	
銅および銅合金		8～10	
アルミニウム	（軟）	10～15	
	（硬）	6～10	
マグネシウム合金		8～10	
ステンレス鋼		3～5	SUS304

② リーマの推奨切削条件

　表 1-8 に高速度工具鋼製リーマの切削速度の目安を示します。工作物が通常の鋼材の場合、切削速度は約 5 m/min で、それよりも硬いものでは切削速度を低く、また軟らかいものでは高くします。また表 1-9 に高速度工具鋼製リーマの送り量の目安を示しますが、そのときの送り量の

表1-9 高速度工具鋼製リーマの推奨送り量(佐藤、渡辺)

工作物＼リーマ径	1～5	6～20	21～50	51～120
鋼	0.2～0.3	0.3～0.5	0.5～0.6	0.6～1.0
鋳鉄	0.3～0.5	0.5～1.0	1.0～1.5	1.5～3.0
ステンレス	0.1～0.2	0.2～0.3	0.3～0.5	0.5～1.0
鋼合金	0.3～0.5	0.5～1.0	1.0～1.5	1.5～3.0
アルミ合金	0.3～0.5	0.5～1.0	1.0～1.5	1.5～3.0

単位：mm/rev

表1-10 超硬リーマの推奨切削条件(佐藤、渡辺)

工作物 材料名	工作物 引張強さ〔kgf/mm²〕	推奨材種	リーマ径〔mm〕	切込み〔mm〕	送り〔mm/rev〕	切削速度〔m/分〕
鋼材	～100	K10	～10	0.02～0.05	0.15～0.25	8～12
			10～25	0.05～0.12	0.2 ～0.4	
			25～40	0.12～0.2	0.3 ～0.5	
	100～140	K10	～10	0.02～0.05	0.12～0.2	6～10
			10～25	0.02～0.12	0.15～0.3	
			25～4	0.12～0.2	0.2 ～0.4	
鋳鋼	40～50	K10	～10	0.02～0.05	0.15～0.25	8～12
			10～25	0.05～0.12	0.2 ～0.4	
			25～40	0.12～0.2	0.3 ～0.3	
	50～70	K10	～10	0.02～0.05	0.12～0.2	6～10
			10～25	0.05～0.12	0.15～0.3	
			25～40	0.12～0.2	0.2 ～0.4	
鋳鉄	硬さ H$_B$ ～200	K10	～10	0.03～0.06	0.2 ～0.3	8～12 10～15
			10～25	0.05～0.15	0.3 ～0.5	
			25～40	0.15～0.25	0.4 ～0.7	
	硬さ H$_B$ 200～	K10	～10	0.03～0.06	0.15～0.25	6～10 8～12
			10～25	0.06～0.15	0.2 ～0.4	
			25～40	0.15～0.25	0.3 ～0.5	
アルミ合金		K20	～10	0.03～0.06	0.2 ～0.3	15～25 20～30
			10～25	0.06～0.15	0.3 ～0.5	
			25～40	0.15～0.25	0.4 ～0.7	

表1-11　リーマ加工の仕上げ代　(木村)

リーマ直径 工作物	～φ6	～φ10	～φ16	～φ25	φ25～
鋼					
～70 kgf/mm^2	0.1～0.2	0.15～0.2	0.2～0.3	0.3～0.4	0.4～0.5
70 kgf/mm^2 以上	0.1～0.2	0.15～0.2	0.2～0.25	0.25～0.3	0.3～0.4
鋳鋼	0.1～0.2	0.15～0.2	0.2～0.25	0.2～0.3	0.3～0.4
鋳鉄	0.1～0.2	0.15～0.2	0.2～0.3	0.3～0.4	0.4～0.5
可鍛鋳鉄	0.1～0.2	0.15～0.2	0.2～0.3	0.3～0.4	0.4～0.5
銅	0.1～0.2	0.2～0.3	0.3～0.4	0.4～0.5	0.5～0.6
黄銅	0.1～0.2	0.15～0.2	0.2～0.3	0.3～0.35	0.35～0.4
青銅	0.1～0.2	0.15～0.2	0.2～0.25	0.3～0.35	0.35～0.4
アルミニウム	0.1～0.2	0.2～0.3	0.3～0.4	0.4～0.5	0.5～0.6
樹脂	0.1～0.2	0.2～0.3	0.2～0.3	0.3～0.4	0.4～0.5

　目安は、約0.3 mm/revで、リーマ径が小さい場合はその値を小さく、また大きい場合は大きくします[2]。この場合の主軸の回転数と送り速度の計算の仕方は前述のドリルの場合と同様です。

　表1-10に超硬リーマの推奨切削条件を示します。超硬リーマで工作物が鋼材の場合、切削速度の目安は約10 m/minで、送り量は約0.3 mm/revです。そして工作物がそれよりも硬い場合は、切削速度を低くします。またリーマの直径が小さい場合は、送り量を小さくし、大きい場合は大きくします。

　表1-11にリーマ加工における仕上げ代（リーマ代）を示します。リーマ加工の場合には、仕上げ代を適切にすることが大切で、工作物が鋼材でリーマの直径が小さい場合は、その値を約0.1 mm～0.2 mmと小さく、また大きい場合は約0.2 mm～0.4 mmと大きくします。作業に当たっては工作物の材質とリーマの直径に応じて、表を参照し、仕上げ代を適切な値に決定してください。

第2章

ボール盤による穴あけ加工

　この章では、ボール盤を用いた穴あけ加工の方法を具体的に説明しています。まず穴あけを行うための準備作業であるケガキ、ストレートおよびテーパシャンクドリルの着脱方法について述べています。そしてドリルを用いた穴あけ加工、工作物傾斜面への穴あけ加工、リーマによる穴の仕上げ加工、薄板の穴あけ加工などの実際を具体的に説明しています。また段付き穴、貫通穴、ねじ穴、座ぐりや皿もみなどの方法も紹介しています。

2-1 ● ケガキ作業

　通常、ボール盤とドリルを用いて工作物に穴あけ加工する場合は、その位置を決めるためにケガキ作業をします。図 2-1 にケガキ作業に用いる主な道具を示します。図 2-2 は今回用いるケガキ用具です。まず最初に工作物表面に青竹（青色の塩基性塗料）を塗布します（図 2-3）。ハイトゲージ（バーニヤ目盛で 0.02 mm の高さの測定が可能なゲージ）のスクライバを所定の高さに設定し、図 2-4 に示すように工作物を立て、その面に約 60 度の角度で当てます。すなわち、ハイトゲージをケガキ面に対し約 60 度傾けます。そしてハイトゲージをその状態で、定盤面上を滑らすと、ケガキ線が引けます（図 2-5）。このような方法で、工作物の面に縦線と横線を引き、穴を加工する位置を決定します。

　次はポンチングです。これはドリルで穴あけ加工するときの中心位置に目印の打痕を付けるものです。図 2-6 がポンチングに必要な道具です。まずポンチの先端が 60 度であることを確認し、工作物に引いたけがき線の交点にその先端を合わせます（図 2-7）。ポンチを左手で持ち、それを工作物の面に対し垂直に立てます。そしてポンチを小ハンマで軽く打撃します（図 2-8）。するとケガキ線の交点に図 2-9 に示すような打痕ができるので、この場所にドリルで穴あけ加工をします。

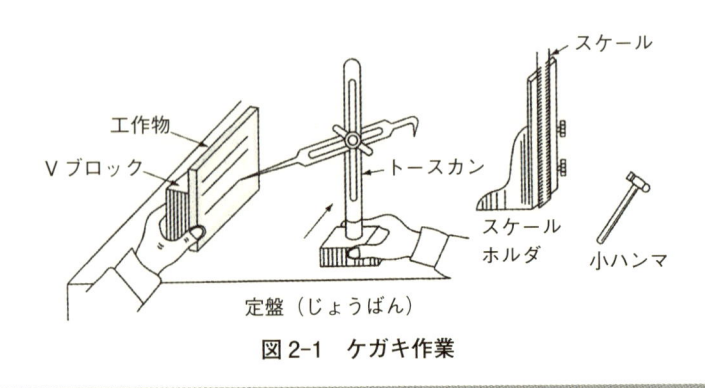

図 2-1　ケガキ作業

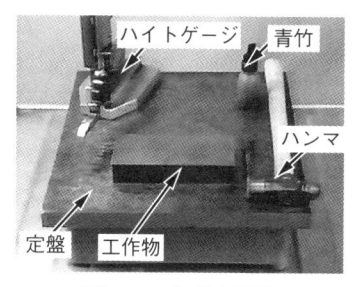

図 2-2　ケガキ用具

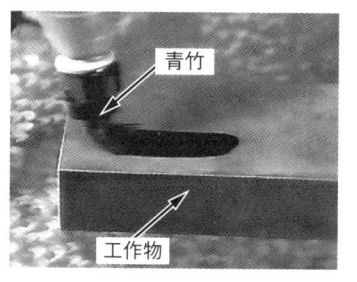

図 2-3　青竹塗布

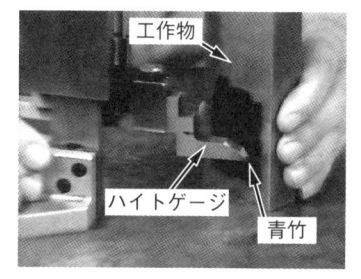

図 2-4　ハイトゲージセッティング

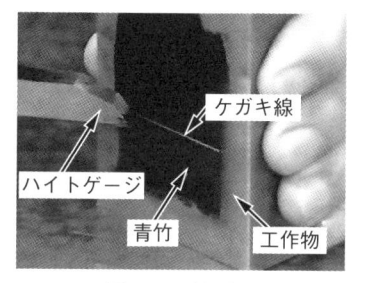

図 2-5　線引き

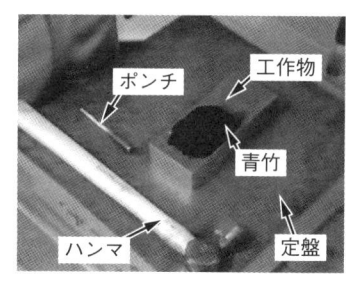

図 2-6　ポンチング用具

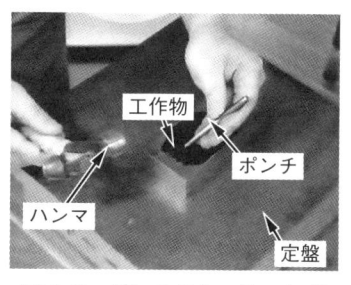

図 2-7　ポンチのセッティング

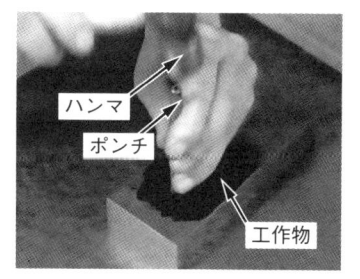

図 2-8　ポンチ打撃

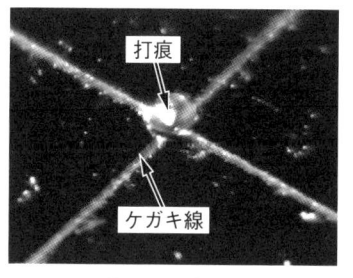

図 2-9　打痕

2-2 • ドリルの取り付け

図2-10に直立ボール盤の各部の名称を、また図2-11に卓上ボール盤にドリルを取り付けたところを示します。図2-12に示すように、ドリルにはストレートシャンクのものとテーパシャンクのものとがあり、それぞれ取り付け方が異なります。図2-13に各種ドリルのボール盤主軸への取り付け方を示します。

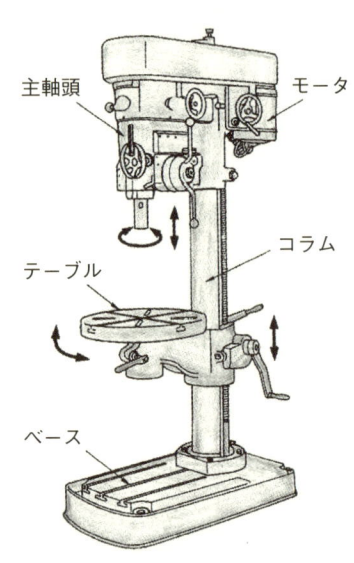

図2-10　直立ボール盤

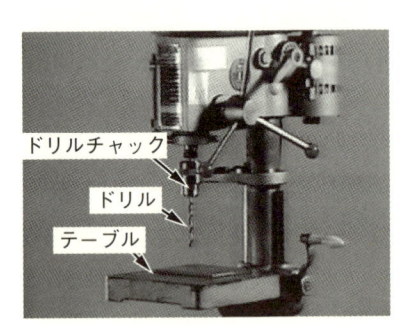

図2-11　ボール盤による穴あけ加工

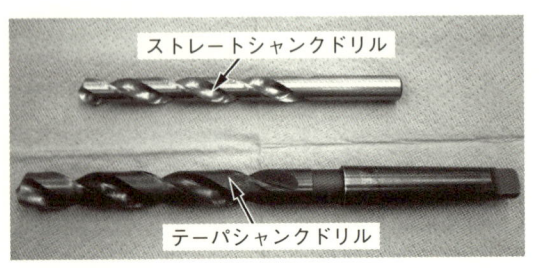

図2-12　ストレートシャンクドリルとテーパシャンクドリル

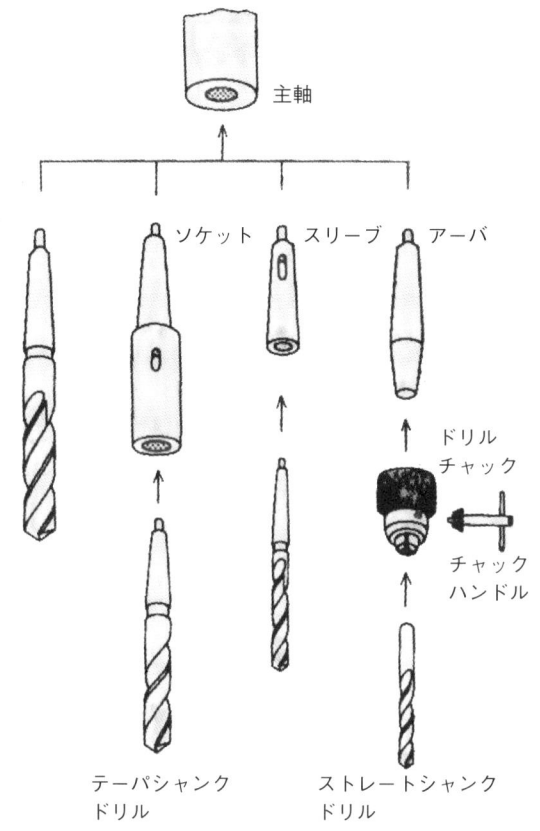

図 2-13　各種ドリルのボール盤主軸への取り付け

（1）　テーパシャンクドリルの取り付け

テーパシャンクドリルの主軸への取り付け・取り外しには、**図 2-14** に示すようなスリーブとドリフトを用います。まずテーパシャンクドリルをスリーブに挿入します（**図 2-15**）。この場合、シャンク先端のタング（図 1-17 参照）をスリーブの正しい位置に合わせます。**図 2-16** がスリーブに取り付けたテーパシャンクドリルです。スリーブに取り付けたテーパシャンクドリルを直立ボール盤の主軸に挿入します（**図 2-17**）。この場合、スリーブをウエス（ぼろ布）できれいに掃除し、傷や打痕がな

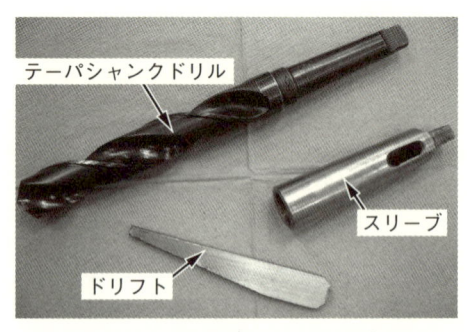

図 2-14　テーパシャンクドリル、スリーブおよびドリフト

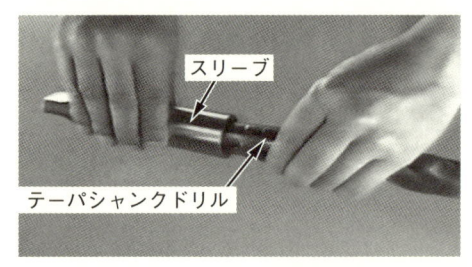

図 2-15　テーパシャンクドリルのスリーブへの挿入

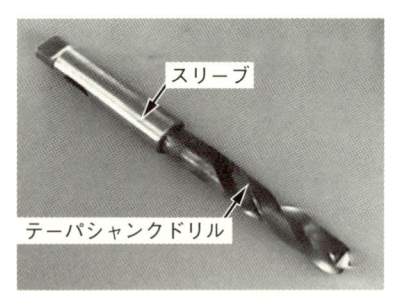

図 2-16　スリーブへ取り付けた
　　　　テーパシャンクドリル

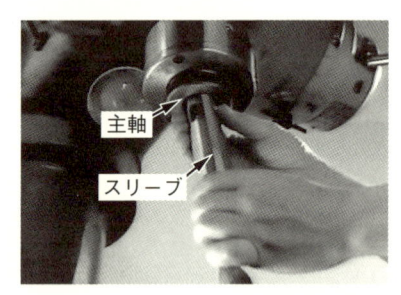

図 2-17　スリーブのボール盤主軸へ
　　　　の挿入

いか確かめます。もし傷などがある場合は、油といしを用いて除去します。スリーブに取り付けたテーパシャンクドリルに手で軽く打撃を与えて、ボール盤の主軸に固定します。この場合、ドリルで手を切らないように、ウエスで巻いておくとよいでしょう。図 2-18 が主軸に固定したテーパシャンクドリルです。

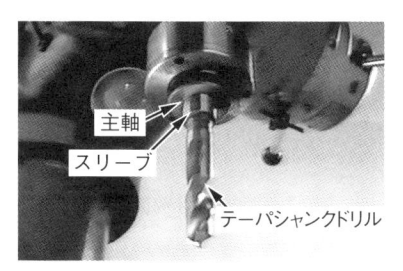

図 2-18　ボール盤主軸へ取り付けた
　　　　テーパシャンクドリル

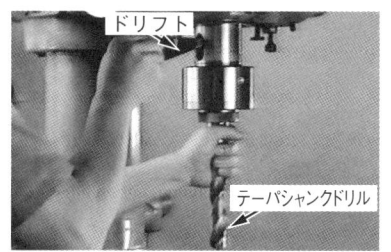

図 2-19　ドリフトの主軸溝への挿入

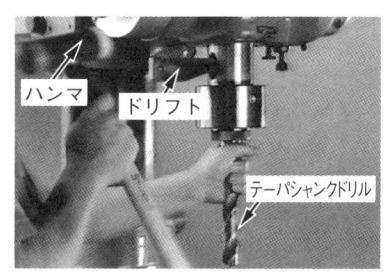

図 2-20　ショックレスハンマによる
　　　　ドリフトの軽打撃

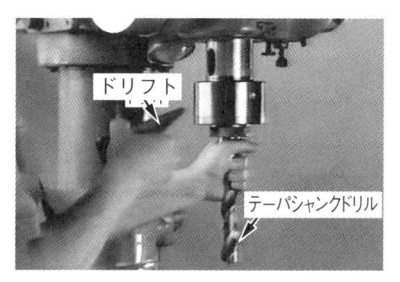

図 2-21　ドリフトの抜き取り

（2）　テーパシャンクドリルの取り外し

　テーパシャンクドリルを直立ボール盤の主軸から取り外す場合は、まず最初に主軸の溝にドリフトを挿入します（**図 2-19**）。そしてテーパシャンクドリルを片手で持ち、ハンマでドリフトを軽く叩きます（**図 2-20**）。この場合もドリルで手を切らないようにウエスで巻いて持つとよいでしょう。ハンマの打撃でドリルが主軸から外れたならば、ドリフトを抜きます（**図 2-21**）。そしてスリーブに取り付けたテーパシャンクドリルを主軸から取り外します（**図 2-22**）。この場合、くれぐれもドリルで手を切らないように、またドリルを下に落とさないように注意しましょう。

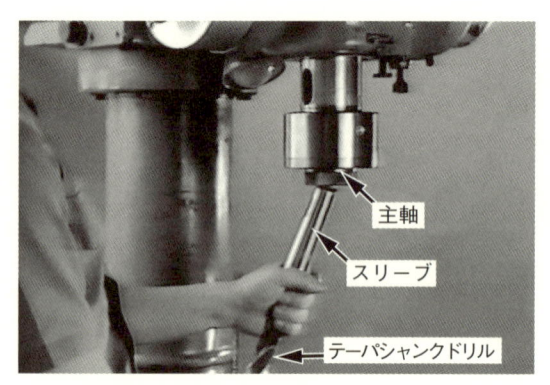

図 2-22　ドリルの主軸からの取り外し

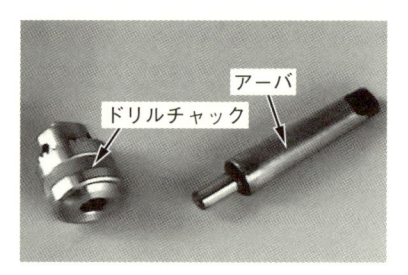

図 2-23　ドリルチャックとアーバ　　図 2-24　ドリルチャック

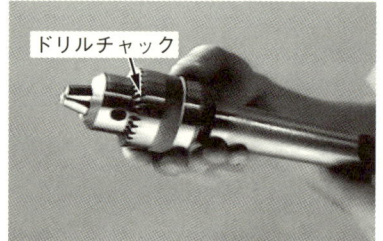

（3）ストレートシャンクドリルの取り付け

　図 2-23 にドリルチャックとアーバを示します。まずドリルチャックをアーバに取り付けます。図 2-24 がアーバに取り付けたドリルチャックです。ドリルチャックの穴にチャックハンドルを挿入し、そのハンドルを回すと、チャックの爪が開閉します（図 2-25）。このドリルチャックをボール盤の主軸に挿入し、手で軽く打撃を与えて、固定します（図 2-26）。ドリルチャックの爪を開き、ストレートシャンクドリルを挿入します（図 2-27）。そしてチャックハンドルを回して、爪を閉じ、ドリルを固定します（図 2-28）。この場合、図 1-22 に示したように、ドリルの取り付け方に注意してください。

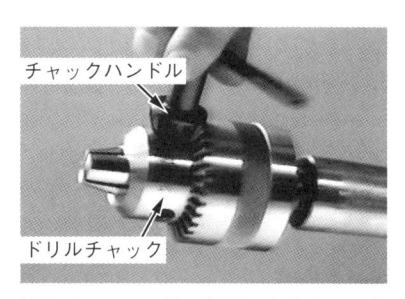

図 2-25　ハンドル旋回によるチャック爪の開口

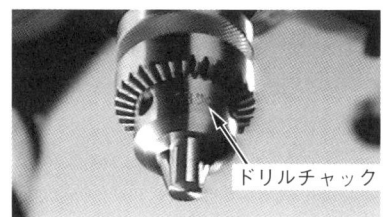

図 2-26　ボール盤主軸に取り付けたドリルチャック

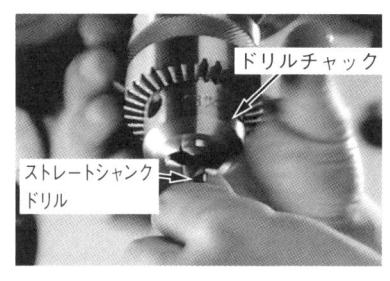

図 2-27　ドリルのチャックへの取り付け

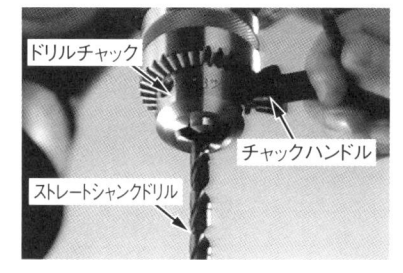

図 2-28　ハンドルを回し、ドリルを固定

第2章 ● ボール盤による穴あけ加工

一口メモ

手袋の使用の禁止

ボール盤作業時には、巻き込みの原因となるので、手袋の使用はやめましょう！

29

2-3 ● ドリルによる穴あけ加工

　ボール盤のテーブルに設置されたバイスに工作物を取り付けます（図2-29）。そして手でテーブルを移動して、工作物をドリルの穴あけ加工位置にセッティングします（図2-30）。ボール盤のハンドルを回してドリルを下げ、刃先を工作物ケガキ線上のポンチ痕に合わせます。そしてドリル先端でわずかに工作物を切削します（図2-31）。その後、ドリルを上げてその先端がポンチ痕と一致しているか確認します（図2-32）。ドリルの先端とポンチ痕が一致していれば、その位置で穴あけ加工しま

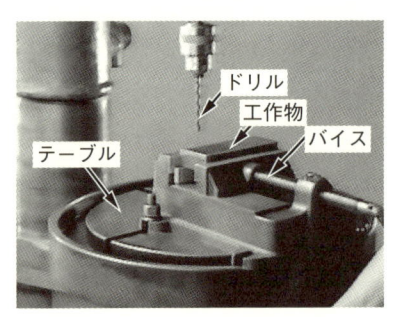

図2-29　工作物の取り付け

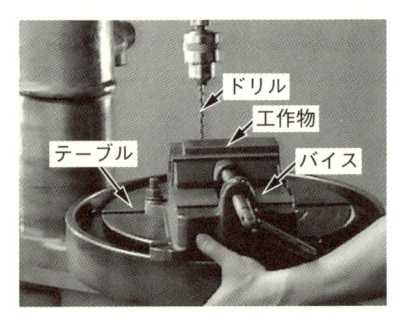

図2-30　工作物の穴加工位置へのセッティング

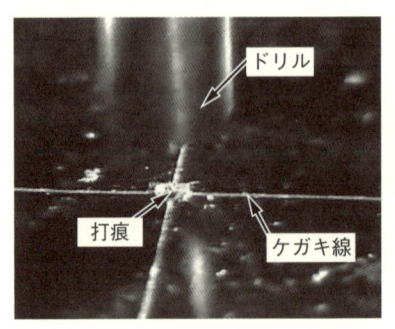

図2-31　ドリル先端をポンチ打痕に合わせる

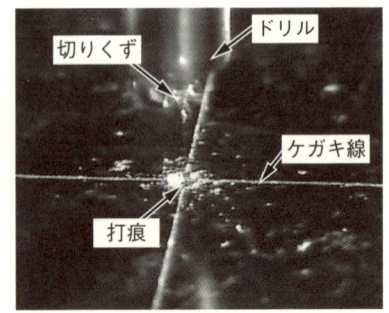

図2-32　試し切削によるドリルと打痕の一致状態の確認

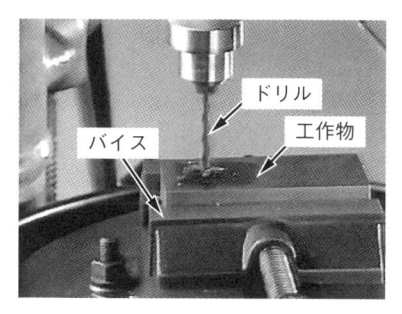

図 2-33　穴あけ加工の開始

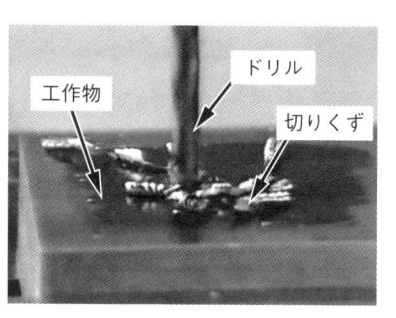

図 2-34　穴あけ加工を行う

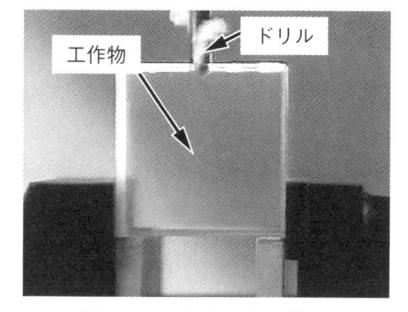

図 2-35　穴あけ加工開始

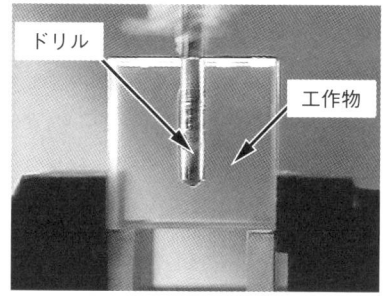

図 2-36　ステップドリリング

す（図 2-33）。そのときの切削条件をドリルの直径やその材質に応じて、表 1-2 ～表 1-7 に基づいて決定します。そしてボール盤のハンドルを回し、所定の位置までドリルを送って穴あけ加工をします（図 2-34）。

このとき、とくに注意することは、ドリルの工作物への食いつき時、深穴の場合の切りくずの詰まりおよびドリルの抜け際です。

図 2-35 にドリルの工作物への食いつきを示します。ドリルの工作物への食いつき時には、その先端が逃げてしまい、穴あけ加工が上手に行えない場合があります。とくにドリル直径が小さい場合には、このような現象がよく生じます。このような場合は、まずセンタ穴ドリルを用いてセンタ穴を加工し、その後、ドリルで穴あけ加工するとよいでしょう。

図 2-36 はドリルが工作物中に深く入った状態です。このような場合は、切削油剤が加工穴へ浸透しにくく、また切りくずの排出も悪くなり

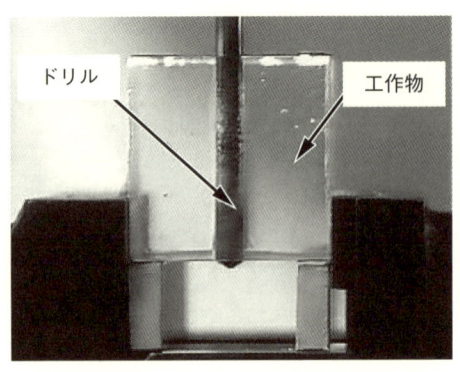

図 2-37 ドリルの抜け際に注意

ます。そのためドリルをステップ送りして、切りくずを切断し、外に排出するとともに、その先端に切削油剤が届きやすくします。とくに小径のドリルにおいては、ステップ送りが大切です。この場合のステップ送り量は、17頁の表1-7を参照してください。

また、ドリルの工作物からの抜け際も注意が必要です（**図 2-37**）。ドリルが工作物を貫通する以前は、それを押し付ける方向に切削力（スラスト力）が作用しますが、貫通するとこのスラスト力がなくなるので、ドリルが工作物側に引き込まれることがあります。また、バリの発生も大きくなります。そのためドリルの工作物からの抜け際では、送りを小さくするなどの注意が必要です。

一口メモ

穴あけ加工チェックポイント

- ドリルの切れ味は良いか
- ドリルの心振れが大きくないか
- ドリルの取り付けは適切か
- ポンチングは適切か
- ドリルのテーパ部、スリーブ・ソケットのテーパ穴に傷や打痕はないか

2-4 ● 傾斜面への穴あけ加工

（1） エンドミルを用いる場合

工作物の勾配面にドリルで穴あけ加工をしようとすると、その先端が逃げて、上手な加工ができない場合があります。そのときは、図 2-38 に示すようにエンドミルで工作物の勾配部を少し削り、穴あけ加工箇所を平坦化します。図 2-39 がエンドミルで工作物の勾配部を削り、平坦化したものです。このように工作物に平坦部を作り、接触時にドリルが逃げないようにすれば、穴あけ加工が容易に行えます（図 2-40）。

図 2-41 は工作物の勾配部に穴あけ加工を行っている様子です。この場合、エンドミルで削った平坦部を残さないように穴あけ加工をします。

図 2-38　エンドミル加工（和田）

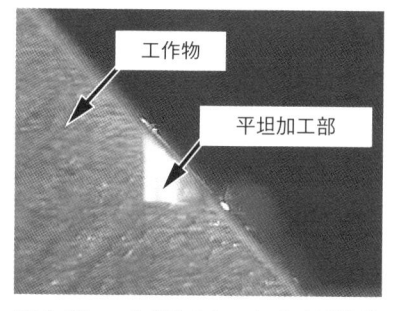

図 2-39　エンドミル加工による平坦化（和田）

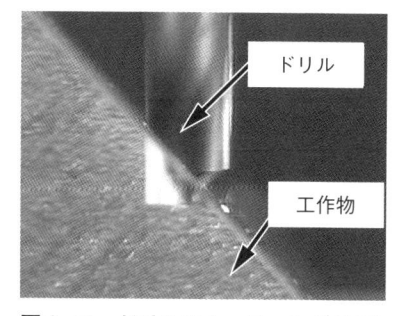

図 2-40　ドリルのセッティング（和田）

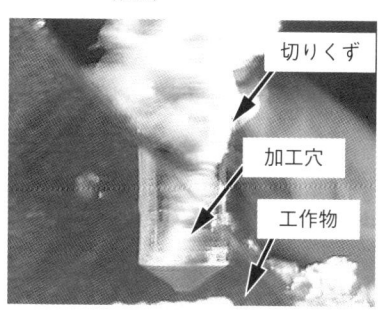

図 2-41　ドリルによる穴あけ加工（和田）

（2） センタ穴ドリルを用いる場合

　工作物の勾配部に穴を加工するもう１つの方法は、センタ穴ドリルを用いて、その勾配部にセンタ穴を前加工するものです。図2-42 に示すように、工作物勾配部の穴あけ加工位置にセンタ穴ドリルをセッティングします。そしてドリル先端が工作物から逃げないように、ボール盤のハンドルを回し、ゆっくりとドリルを送って、勾配部にセンタ穴ドリルを食い込ませます。このとき、センタ穴ドリルを無理に工作物に押し込むと、その先端が破損する場合があるので注意してください。

　図 2-43 が工作物の勾配部にセンタ穴を前加工している様子です。このように工作物の勾配部にセンタ穴を加工し、ドリル先端が逃げないようにした後、穴あけ加工をすれば上手に作業が行えます（図 2-44）。

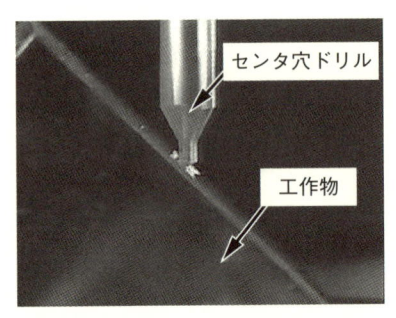

図 2-42　センタ穴ドリルのセッティング

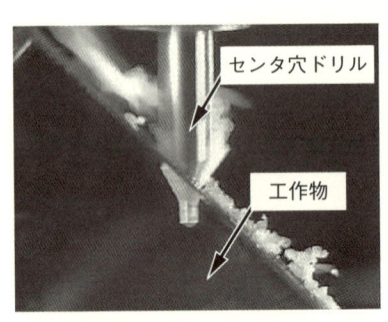

図 2-43　センタ穴加工

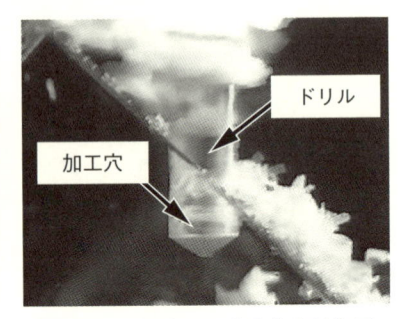

図 2-44　ドリルによる穴あけ加工

2-5 ● リーマによる穴の仕上げ加工

　図 2-45 にリーマを示します。このリーマはストレートシャンクのものです。このリーマを用いて、穴あけ加工を行います。まず最初に、ドリルを用いて下穴を加工します（図 2-46）。下穴用のドリル直径は、リーマ径と仕上げ代により決定されます（表 1-11 参照）。次にリーマをボール盤のドリルチャックに取り付けます（図 2-47）。そして下穴とリーマの中心が一致するように、位置決めをします（図 2-48）。リーマを回転し、また手動で送り、仕上げを行います（図 2-49）。そのときの切削速度を表 1-8（18 頁参照）に基づいて決定してください。この場合のリーマ回転数は次のとおりです。

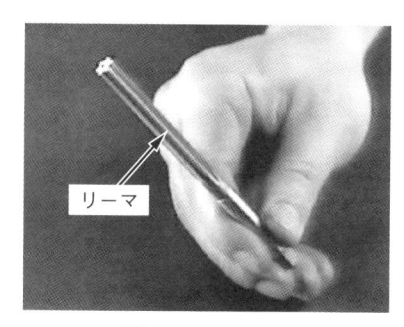

図 2-45　リーマ

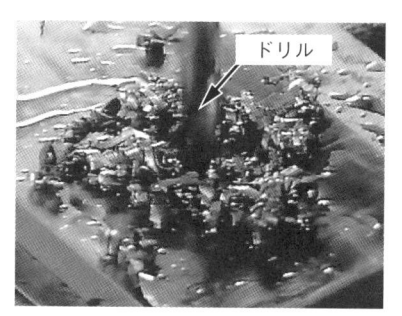

図 2-46　ドリルによる下穴あけ加工

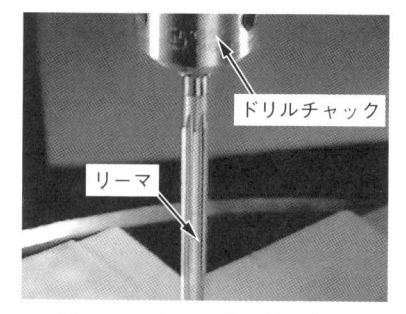

図 2-47　リーマ取り付け終了

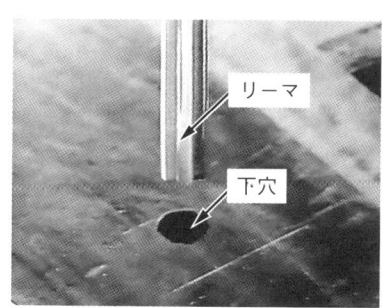

図 2-48　リーマの位置決め

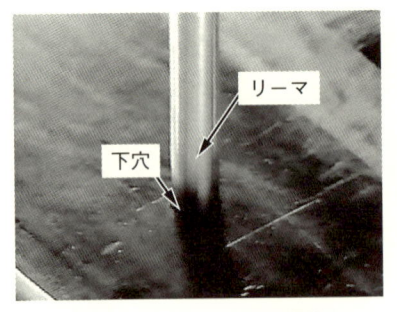

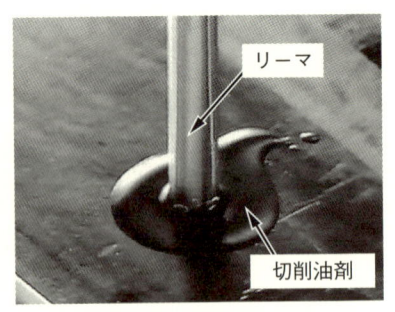

図 2-49 リーマ加工開始　　　図 2-50 リーマ通し

$$\text{リーマの回転数 } n = (1{,}000 \times \text{切削速度 } V)/(\text{円周率 } \pi \times \text{リーマ直径 } D)$$
$$D:\text{mm} \quad n:\text{min}^{-1} \quad V:\text{m/min}$$

そして図 2-50 に示すように、切削油剤を十分に供給し、仕上げを行います。この場合、手動ではなく、自動でリーマを送るときは、表 1-9 を参照して、その送り量を決定してください。このときのリーマの送り速度は次のとおりです。

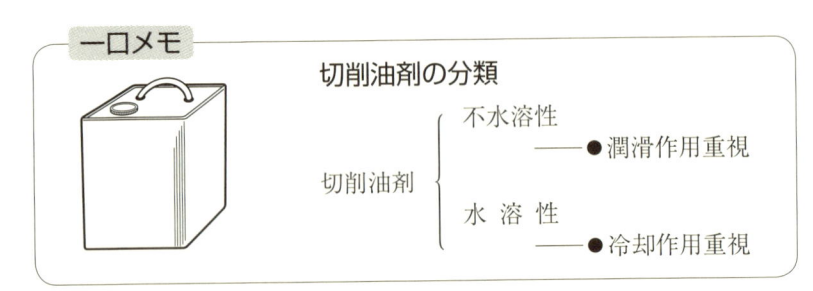

$$\text{リーマの送り速度 } F = \text{送り量 } f \times \text{主軸回転数 } n$$
$$F:\text{mm/min} \quad f:\text{mm/rev} \quad n:\text{min}^{-1}$$

一口メモ

切削油剤の分類

切削油剤 ｛ 不水溶性 ── ●潤滑作用重視
　　　　　　水　溶　性 ── ●冷却作用重視

2-6 ● 薄板の穴あけ加工

　電子部品を取り付けるために薄いアルミ板に穴をあけたいというような場合がよくあります。この場合、切削工具や工作物の取り付けなどを適切に行わないと思わぬ事故が発生します。

　まずボール盤への工作物の取り付けです。**図 2-51** に示すように、テーブルに薄い敷板（ベニヤ板など）を敷き、その上に工作物を載せます。そして工作物の一方の側を締め金で固定します（**図 2-52**）。また他方の側を同様に締め金で固定します（**図 2-53**）。また場合によっては、Cクランプを用いて工作物を締め付けることもあります。

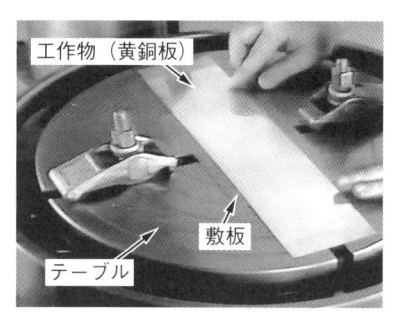

図 2-51　テーブル上の敷板に薄板工作物を設置

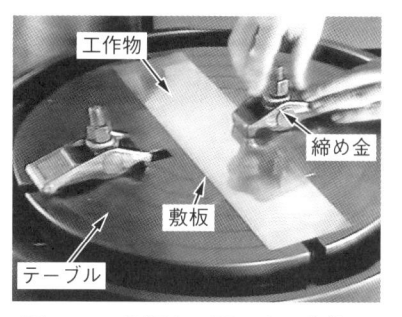

図 2-52　敷板上に置いた工作物の締め金による固定

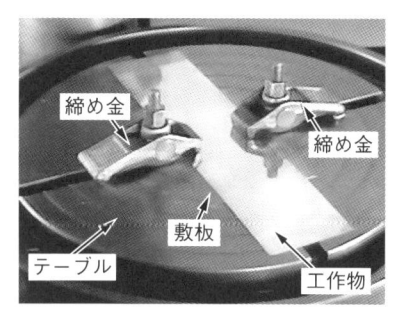

図 2-53　締め金を用いて取り付けた薄板工作物

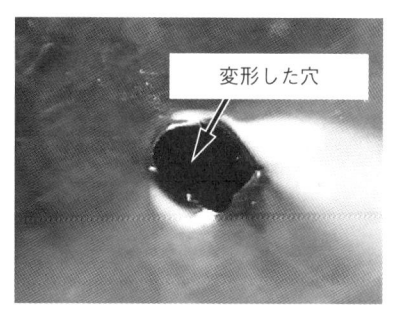

図 2-54　ドリル加工により変形した穴

このようにボール盤のテーブル面に薄板工作物を締め金を用いて取り付け、穴あけ加工を行いますが、通常のドリルで加工すると問題が生じやすいので注意する必要があります。

図 2-54 は薄板工作物をドリルで加工したときの穴の変形例です。このような場合には、**図 2-55** に示すように、ドリルの先端をロウソク形に研削したドリルを用いて穴あけ加工します。このロウソク形ドリルはその外周切れ刃高さを同じにし、そして中心部を少し高く研削したものです（**図 2-56**）。ドリルの先端を拡大すると、**図 2-57** のようになり、切れ刃部がロウソク形になっていることが分かります。

このドリルをボール盤のドリルチャックに取り付け、テーブルに固定した工作物に穴あけ加工します（**図 2-58**）。この場合、工作物を締め金などで固定せずに、手で持って加工すると大変危険です。絶対に行わないでください。穴あけ加工が終わったならば、ボール盤のハンドルを回し、ドリルを上に逃がします（**図 2-59**）。通常、抜けた穴の切りくずが

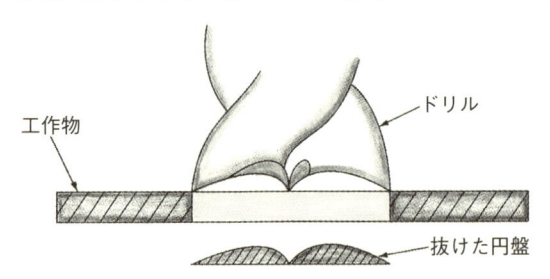

図 2-55　薄板の穴あけ加工

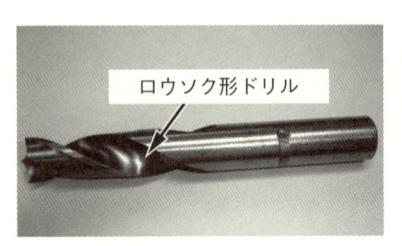

図 2-56　ロウソク形ドリルの例 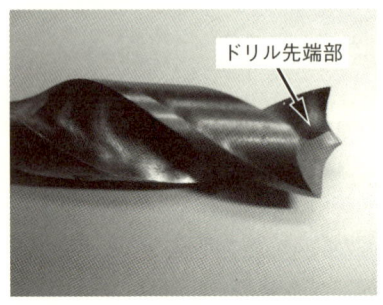　　図 2-57　ロウソク形ドリルの先端部

ロウソク形ドリルの先端に埋まっています（**図2-60**）。ドリル先端より取り出した切りくずが**図2-61**で、加工穴が**図2-62**です。このようにロウソク形のドリルを用いれば、薄板工作物に精度の高い穴あけ加工が行えます。

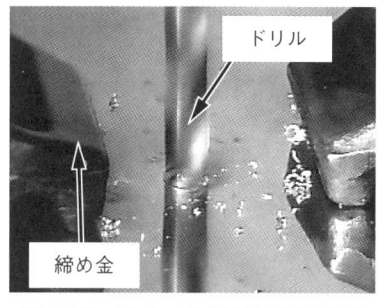

図2-58　ロウソク形ドリルによる穴あけ加工

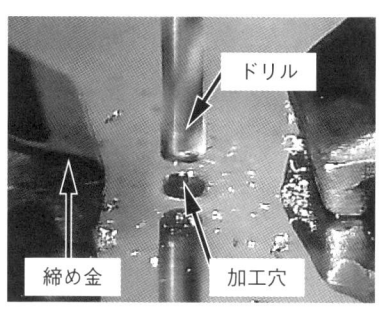

図2-59　ドリルを逃がす

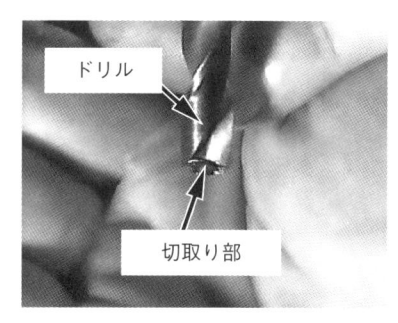

図2-60　ドリル先端に埋まった切取り部

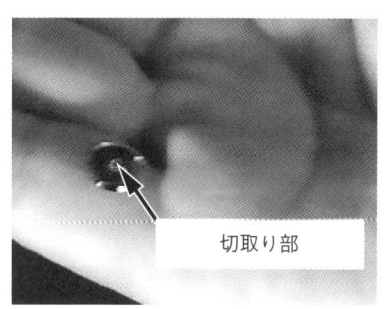

図2-61　ロウソク形ドリルにより切り取られた部分

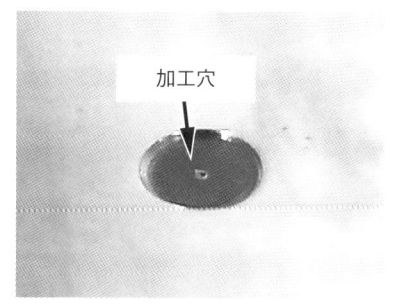

図2-62　加工穴

2-7 • その他の各種穴あけ加工

（1） 段付き穴の加工

図2-63に段付き穴あけ加工の例を示します。まず小径のドリルで工作物に貫通穴をあけ、その後、大きな直径のドリルでその穴の途中まで加工します（図2-64）。また中ぐりバイトを用いて、段付き穴を加工する場合もあります。図2-65にボーリングバーに研削した高速度工具鋼製むくバイトを取り付けた中ぐり工具を示します。この中ぐりバイトをボール盤の主軸に取り付けます。そしてバイト刃先の突き出し量を所要の値（段付き穴径）に固定し、下穴とボーリングバーの中心が一致するようにセッティングします（図2-66）。そして手送りまたは自動送りを

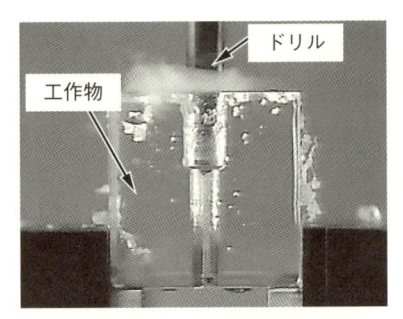

図2-63　段付き穴加工

図2-64　段付き穴加工終了

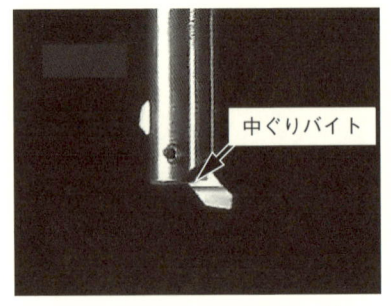

図2-65　中ぐりバイトの取り付け

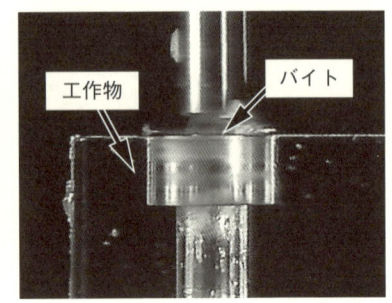

図2-66　バイトのセッティングと送り

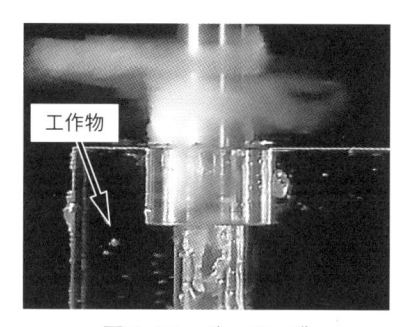

図2-67　ボーリング

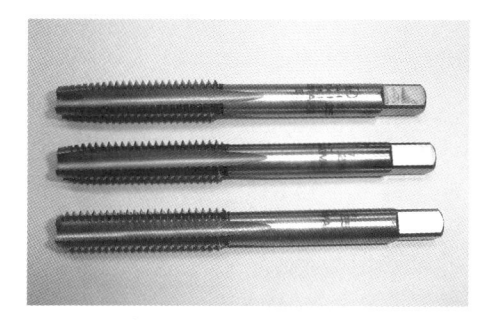

図2-68　タップ（先タップ、中タップ、仕上げタップ）

掛けて、所要の深さまで穴あけ加工を行います（**図2-67**）。

（2）　ねじ穴の加工

図2-68にタップ（ドリルであけた下穴にねじを切る工具）の例を示します。まず工作物に下穴をあけます。このときのドリルの直径は、近似的に、ねじの呼び径からピッチを引いた値とします。タップをボール盤のドリルチャックに取り付け、そのタップと下穴の中心が一致するようにセッティングします（**図2-69**）。そして自動送りを掛けてねじ穴加工を行います（**図2-70**）。この場合、反転送りが装備されていないボール盤ではねじ穴あけ加工ができないので注意してください。

図2-71が加工されたねじ穴です。一般的な鋼材工作物の場合には、切削油剤を供給することを忘れないでください。

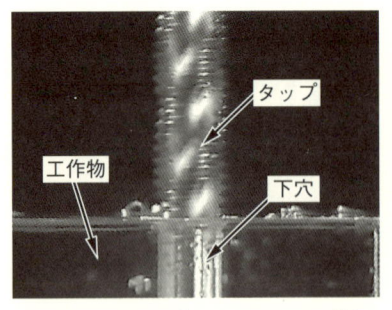

図2-69 タップのセッティングと切削開始

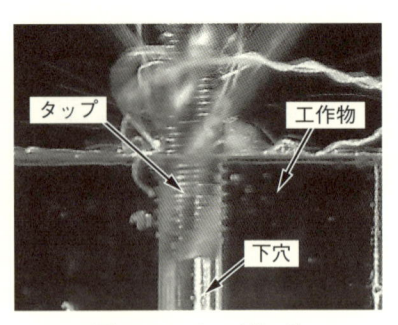

図2-70 タッピング

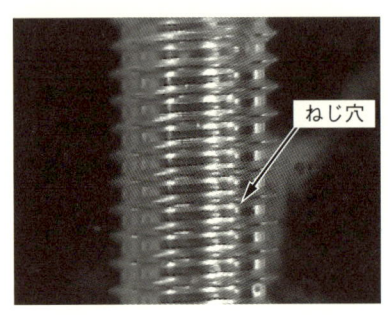

図2-71 加工されたねじ穴

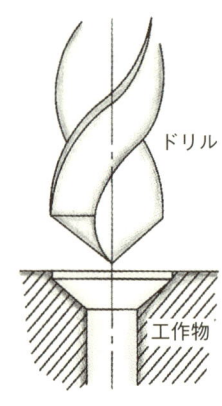

図2-72 皿もみとは

(3) 皿もみ

図2-72に皿もみを示します。この皿もみは、通常、皿小ねじの頭部が工作物に適合するように穴あけ加工をすることです。まずドリルの先端を皿小ねじの円錐部角度に合わせ90度に研削します。図2-73が先端を90度に研削したドリルです。このドリルをボール盤のドリルチャックに取り付け、皿もみ場所に位置決めします（図2-74）。そして切削油剤を供給し、またボール盤のハンドルを回し、手送りで所要の深さ（皿小ねじの頭部が工作物の表面と一致するする深さ）まで穴あけ加工します（図2-75）。この場合の切削速度は、工作物が軟鋼のとき、6〜8 m/min

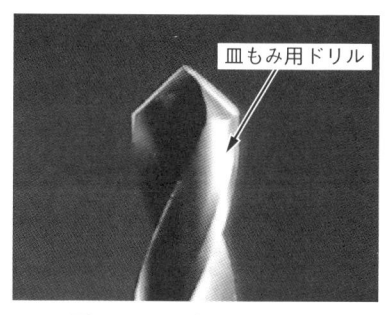

図 2-73　皿もみ用ドリル

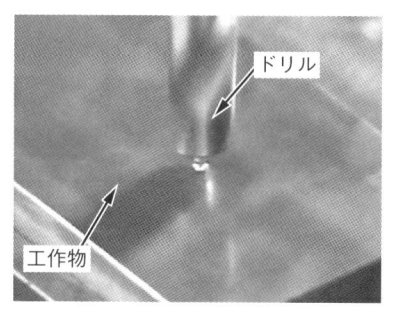

図 2-74　ドリルの位置決め

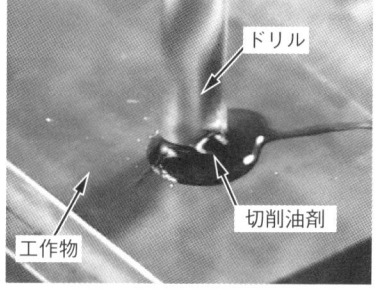

図 2-75　切削油剤を供給し切削

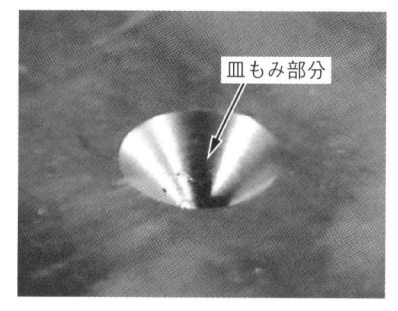

図 2-76　皿もみの終了

程度を目安とします。**図 2-76** が皿もみの終わった工作物です。

（4）　座ぐり

図 2-77 に座ぐりを示します。この座ぐりはボルトやナットなどの当たる部分だけ工作物表面を平滑に加工することです。まず、座ぐり用のバイトをボール盤の主軸に取り付けます。そしてドリルで加工した下穴とバイトの中心が一致するように位置決めします（図 2-77 参照）。そして所要の深さまで、切削油剤を供給して、手送りで加工します（**図 2-78**）。この場合の切削速度は、工作物が軟鋼のとき、3～5 m/min 程度を目安とし、もしもビビリが生じるようであれば、速度を下げます。**図 2-79** が座ぐりの終わった工作物です。

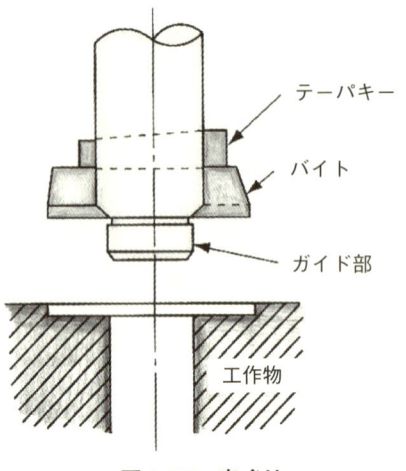

図 2-77　座ぐり

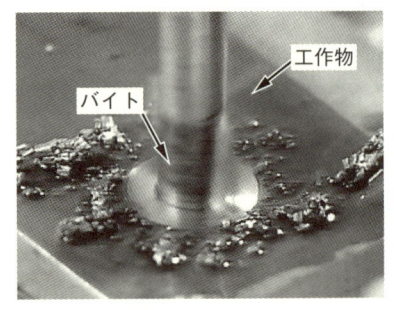

図 2-78　座ぐり

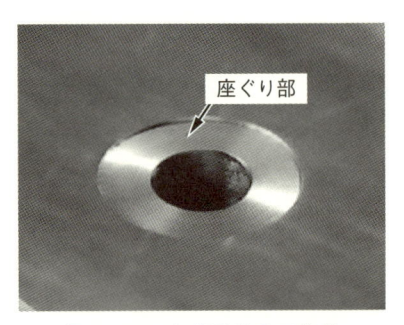

図 2-79　座ぐり後の工作物

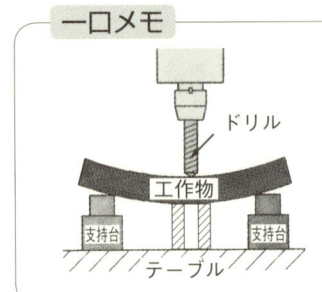

―口メモ

薄い板材工作物の穴あけ加工

　薄い板材工作物に穴あけ加工すると、その工作物が変形します。支持台（ドリルサポート）を用いて、その工作物の変形を防止しましょう！

44

第3章

旋盤による穴あけ加工

　この章では、旋盤を用いた穴あけ加工の方法を具体的に説明しています。まずストレートおよびテーパシャンクドリルやセンタ穴ドリルの心押し軸への着脱方法について述べています。そしてセンタ穴ドリルを用いたセンタ穴加工およびテーパシャンクドリルによる穴あけの実際を解説しています。また穴ぐりバイトを用いた穴の加工法およびスローアウエイバイトを用いた各種穴の加工方法を例示しています。

3-1 ● 旋盤と穴あけ加工の例

　図 3-1 に旋盤と各部の名称を示します。またこの旋盤を用いて穴あけ加工した例を図 3-2 に示します。このような機械部品を加工するには、ドリルを旋盤の心押し軸に取り付け、工作物を穴あけ加工し、その後、刃物台に取り付けた穴ぐりバイトで仕上げます。

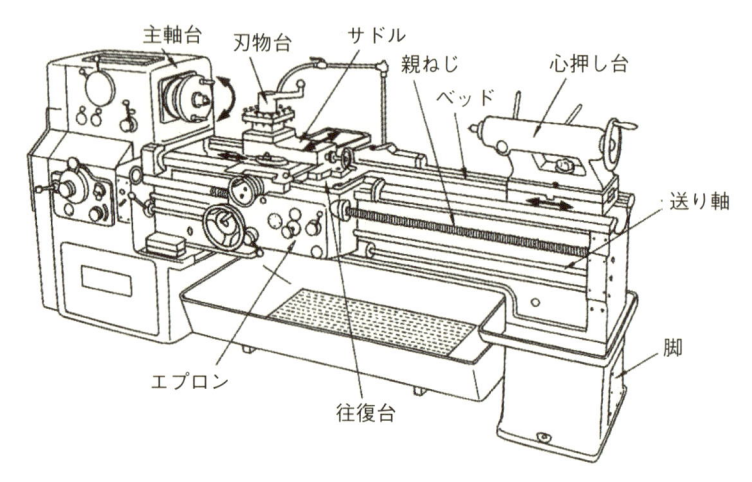

図 3-1　旋盤と各部の名称

図 3-2　穴加工した機械部品の例

3-2 ● センタ穴ドリルの取り付け

　工作物にドリルで穴あけ加工する場合、その刃先の位置決めや振動の防止のために、通常、最初にセンタ穴を加工します。図3-3に示すのがセンタ穴ドリルです。このセンタ穴ドリルを図3-4に示すドリルチャックを用いて、旋盤の心押し軸に取り付けます。まずハンドルを回して、ドリルチャックの爪を開き、そこにセンタ穴ドリルを差し込み、取り付けます（図3-5）。ドリルチャックのシャンクにウエス（ぼろ布）を巻いて、それを心押し軸に挿入し、その軸穴をきれいに清掃します（図3-6）。ドリルチャックのシャンク部に傷や打痕がないか確かめ、きれいに掃除して、そのシャンク部を心押し軸穴に挿入します。そして手で軽く衝撃を与えて、ドリルチャックを心押し軸に固定します（図3-7）。もしもそのシャンク部に傷や打痕がある場合は、油といしで修正します。図3-8が心押し軸に取り付けたドリルチャックです。

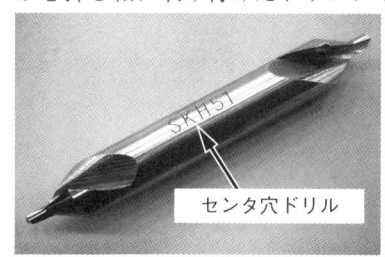

図3-3　センタ穴ドリル

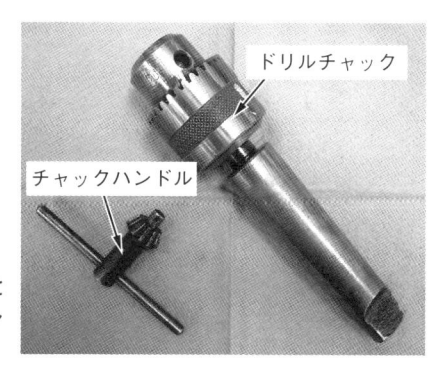

図3-4　ドリルチャックと
　　　　チャックハンドル

図 3-5
センタ穴ドリルのドリルチャックへの取り付け

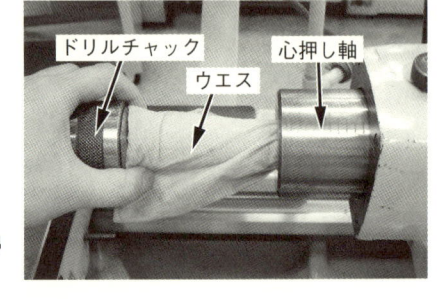

図 3-6
心押し軸穴の清掃

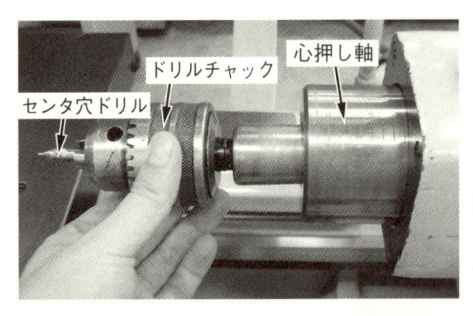

図 3-7
ドリルチャックの心押し軸への取り付け

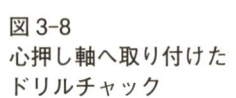

図 3-8
心押し軸へ取り付けたドリルチャック

3-3 ● センタ穴の加工

　心押し台の固定ハンドルを緩め、ベッド上を静かに滑らせて、センタ穴ドリルの先端が工作物端面に近づいた位置で固定します（**図 3-9**）。この場合、センタ穴ドリルの先端を工作物にぶつけないように注意してください。そして主軸を回転します。このときの回転数は、センタ穴ドリルの呼び径（0.5 ～ 4 mm）にもよりますが、通常、700 ～ 1,000 min^{-1} 程度です。心押し台のハンドルを回し、心押し軸を静かに送って、センタ穴を加工します（**図 3-10**）。

　この場合、切削油剤を供給し、またステップ送りをして、センタ穴ドリルに切りくずがつまらないようにします。センタ穴ドリルは破損しやすいので、くれぐれも慎重に加工してください。

　図 3-11 が加工したセンタ穴です。センタ穴の深さは、**図 3-12** に示すように、通常、センタ穴ドリルの円錐部の約 2/3 とします。

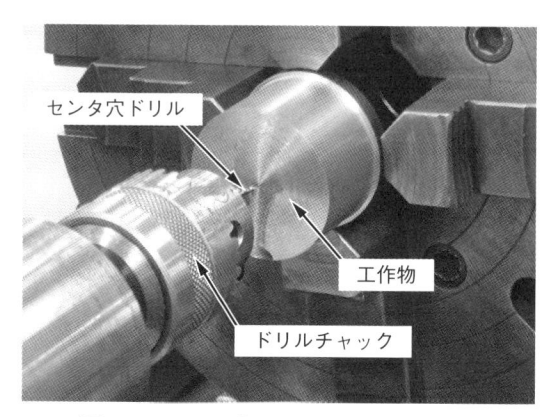

図 3-9　センタ穴ドリルのセッティング

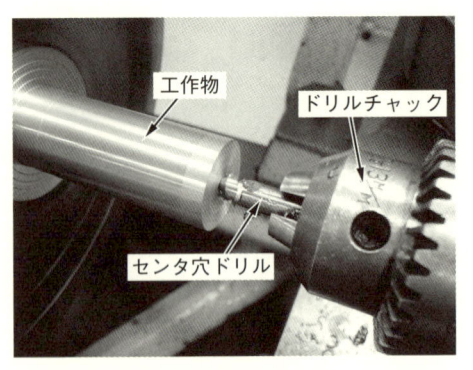

図 3-10　センタ穴加工

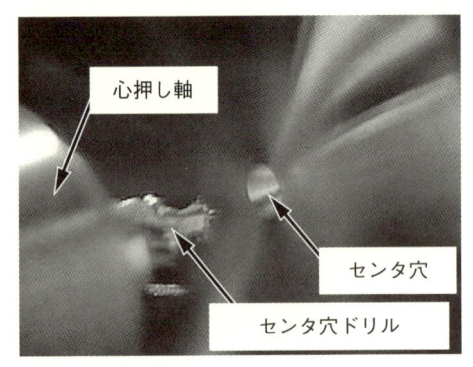

図 3-11　加工したセンタ穴

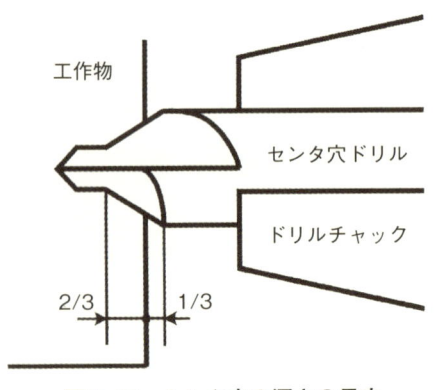

図 3-12　センタ穴の深さの目安

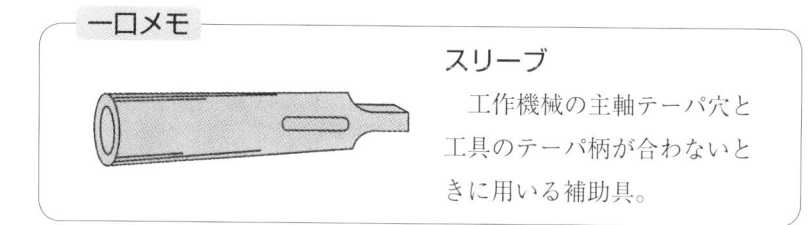

3-4 ● ストレートシャンクドリルの取り付け

　旋盤作業で用いるドリルには、**図 3-13** に示すように、ストレートシャンクのものとテーパシャンクのものとがあり、それぞれその取り付け方が異なります。

　ストレートシャンクドリルの場合は、まずドリルチャックを旋盤の心押し軸に固定し、その後、そのチャックにドリルを取り付けます。チャックハンドルを回してチャックの爪を開き、その爪の間にドリルを挿入します（**図 3-14**）。そしてチャックハンドルを回して締め付け、ドリルを取り付けます（**図 3-15**）。この場合、ドリルの突き出し長さをできるだけ短くし、また溝部分をチャックの爪で締め付けないように注意してください。

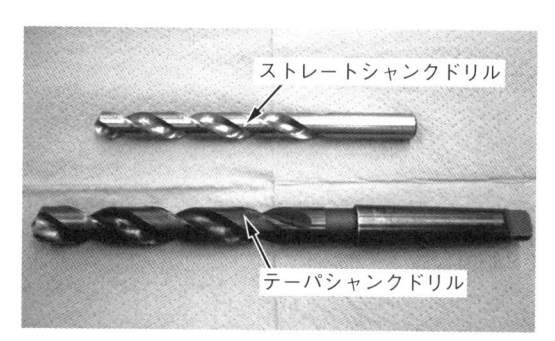

図 3-13　ストレートシャンクドリルとテーパシャンクドリル

一口メモ

スリーブ
　工作機械の主軸テーパ穴と工具のテーパ柄が合わないときに用いる補助具。

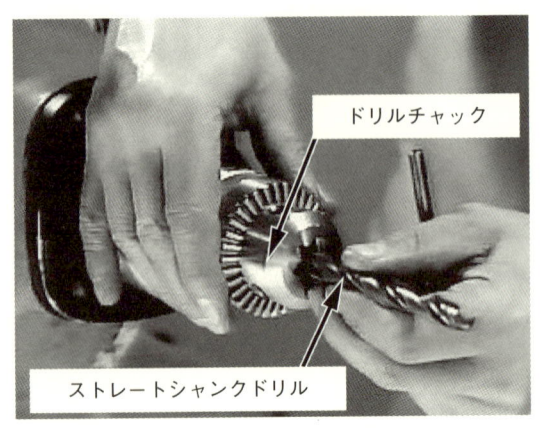

図3-14　ストレートシャンクドリルのチャックへの挿入

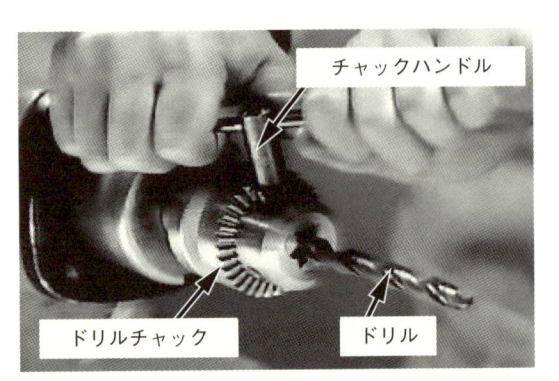

図3-15　ストレートシャンクドリルの取り付け

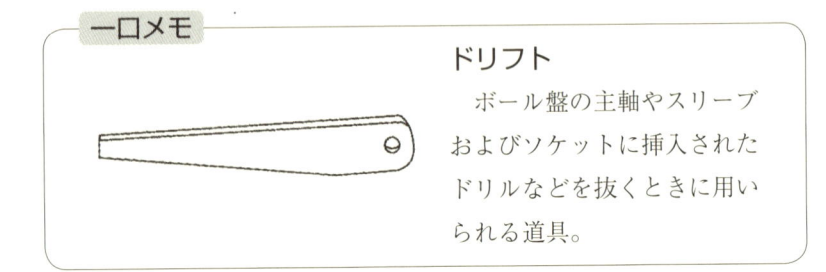

> 一口メモ
>
> ### ドリフト
> 　ボール盤の主軸やスリーブおよびソケットに挿入されたドリルなどを抜くときに用いられる道具。

3-5 ● テーパシャンクドリルの取り付け

図 3-16 にテーパシャンクドリルの旋盤への着脱に必要な工具を示します。

まずテーパシャンクドリルをスリーブに取り付けます（図 3-17）。そしてスリーブのテーパ部と心押し軸穴をともにきれいに掃除します。そしてスリーブを心押し軸穴に挿入し、軽く衝撃を与えて、ドリルを取り付けます（図 3-18）。この場合、ドリルにウエスを巻いて、手を切らないようにします。

図 3-19 が心押し軸に取り付けたテーパシャンクドリルです。

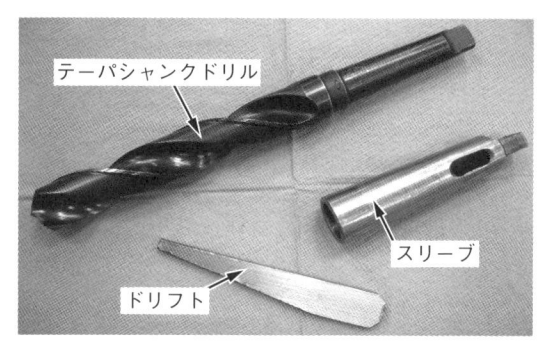

図 3-16　テーパシャンクドリル、スリーブおよびドリフト

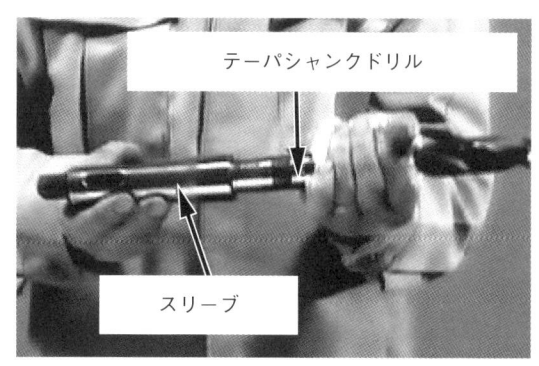

図 3-17　テーパシャンクドリルのスリーブへの取り付け

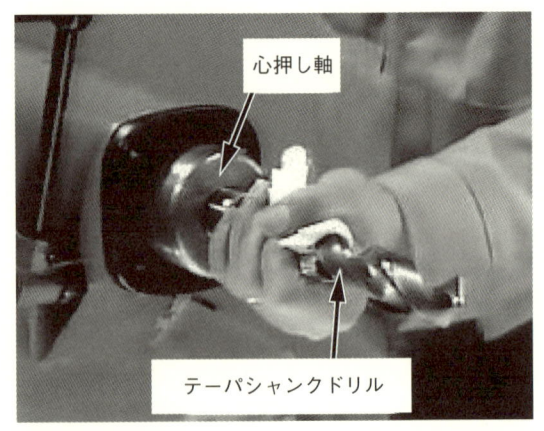

図 3-18　テーパシャンクドリルの心押し軸への取り付け

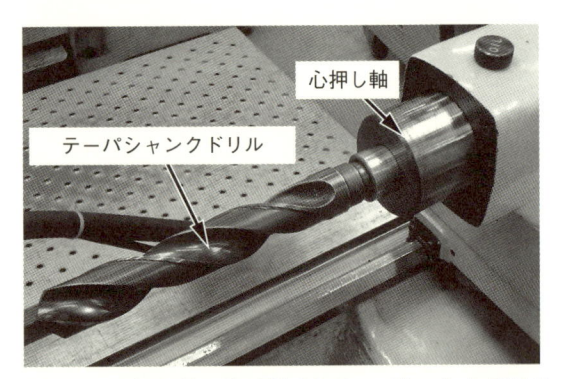

図 3-19　心押し軸に取り付けたテーパシャンクドリル

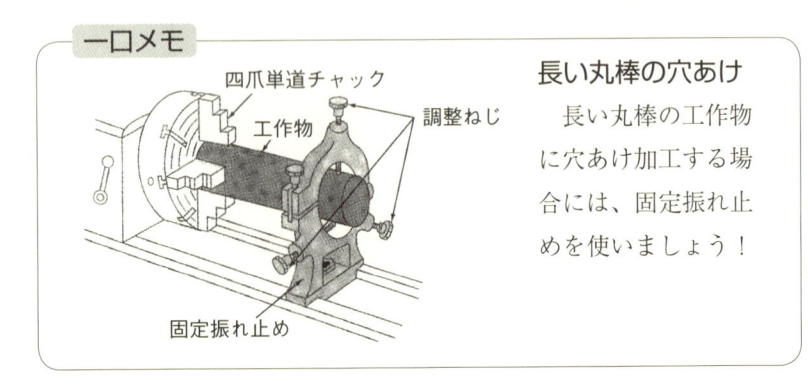

―口メモ―

長い丸棒の穴あけ

長い丸棒の工作物に穴あけ加工する場合には、固定振れ止めを使いましょう！

3-6 ● テーパシャンクドリルによる穴あけ加工

まず工作物の端面にセンタ穴を加工します。そして心押し台を静かに移動し、ドリルの先端を工作物の端面に近づけて、しっかりと固定します（**図 3-20**）。そして心押し台のハンドルを回して、心押し軸を移動し、ドリルで工作物を穴あけ加工します（**図 3-21**）。

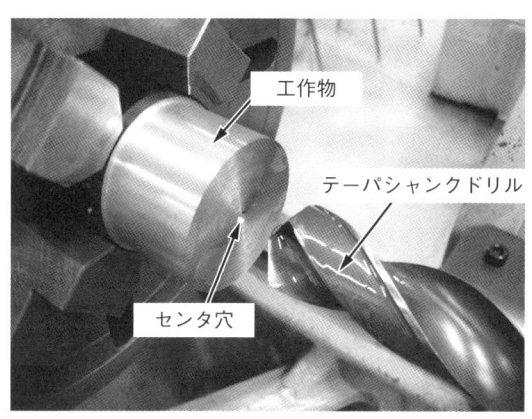

図 3-20　心押し台の位置決め

図 3-21　ドリルによる穴あけ加工

このときの切削条件は、高速度工具鋼製ドリルで鋼材工作物を加工する場合、おおむね切削速度が 20 〜 30 m/min、また送りが 0.2 〜 0.3 mm/rev 程度です。そしてそのときの主軸回転数は次のとおりです。

$$主軸回転数\ n = (1{,}000 × 切削速度\ V) / (円周率\ π × ドリル直径\ D)$$
$$V：m/min \quad n：min^{-1} \quad D：mm$$

　また十分に切削油剤を供給して穴あけ加工します。この場合、ドリルの切れ刃から切りくずが均等の厚さで排出しているか観察します。もしもドリルの片側切れ刃からしか切りくずが出ていない場合は、ドリルの刃先を再研削をして、排出される切りくずが均等の厚さとなるようにします。そして穴あけ加工が終わったならば、主軸を停止し、ドリルを逃がします（図 3-22）。

図 3-22　ドリルによる穴あけ加工の終了

一口メモ

ドリルの抜き際
　ドリルの抜き際は、送りを小さくしましょう！

3-7 ● 穴ぐりバイトによる穴あけ加工

図 3-23 にバイトによる穴ぐり加工のモデルを示します。通常、ドリルで下穴を加工し、その後、穴ぐりバイトでその穴を所要の形状、寸法に仕上げます。穴ぐりバイトにはスローアウエイ方式のもの（8 頁の図 1-9 参照）とロー付け方式のものがありますが、ここではロー付けした自作の超硬バイトを用いています。

まず穴ぐりバイトを旋盤の刃物台に心高を合わせて取り付けます（図 3-24）。そしてボックスレンチを用いて穴ぐりバイトを刃物台にしっかりと固定します（図 3-25）。このとき、バイトの心高が工作物の中心よりも上にないか、また逃げ面が工作物と接触しないか確認します。そし

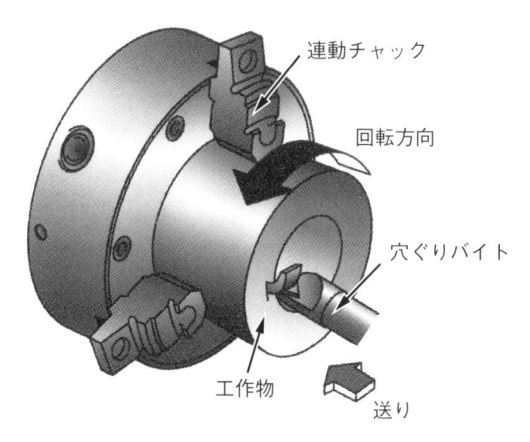

図 3-23　バイトによる穴あけ加工モデル（三菱マテリアル）

一口メモ

バイトの取り付け

バイトを取り付ける場合は、その逃げ面が工作物に当たらないようにしましょう！

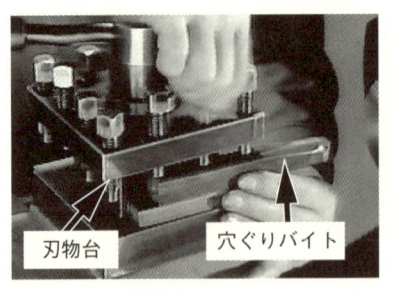

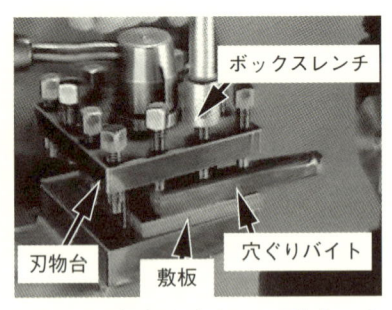

図 3-24 穴ぐりバイトの刃物台への
セッティング

図 3-25 穴ぐりバイトの刃物台への
取り付け

て主軸を回転し、送りを掛けて、所定の深さまで穴あけ加工します（図3-26）。

この場合は、工作物が鋼材で超硬バイトを用いて乾式で加工しているので、切削速度を 100 m/min とし、また送りを 0.25 mm/rev としています。またそのときの主軸回転数は次のとおりです。

$$主軸回転数\ n = (1{,}000 \times 切削速度\ V)/(円周率\ \pi \times 穴径\ D)$$
$$V: \text{m/min} \qquad n: \text{min}^{-1} \qquad D: \text{mm}$$

切削の後、穴径をノギスで測定し、所要の値ならば、穴加工は終了です（図3-27）。必要ならば、仕上げ用の穴ぐりバイトを用いて穴を加工し、またその内径を内側マイクロメータやシリンダゲージ（ダイヤルゲージを用いた 2 点接触式の内径測定器）などで測定します。

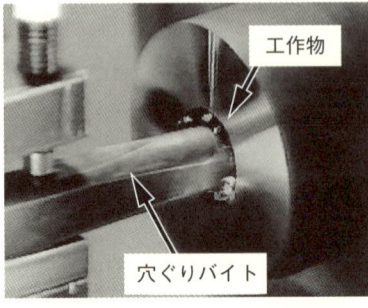

図 3-26 バイトによる穴あけ加工

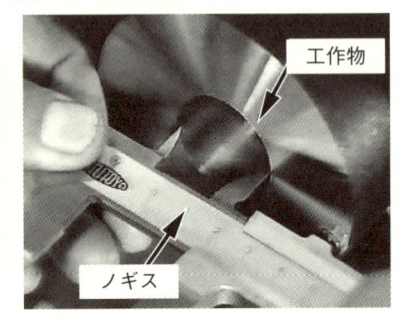

図 3-27 ノギスによる内径測定

3-8 ● 各種スローアウエイ穴ぐりバイトと穴あけ加工

図 3-28 は通し穴（貫通穴）用の穴ぐりバイトとその加工例で、図 3-29 は止まり穴加工用の穴ぐりバイトとその加工例です。また図 3-30 は段付き穴を加工している例です。そして図 3-31 は内径用の溝入れバイトとその加工例、図 3-32 は内径ねじ切りバイトとその加工例です。このように超硬穴ぐり用スローアウエイバイトには多くの種類があり、各種穴あけ加工が可能です。

通常の旋削用超硬スローアウエイバイトで鋼材工作物の場合、切削速度は約 70 ～ 200 m/min ですが、穴ぐりバイトの場合は突き出し長さが大きく、切削時にビビリ振動が発生しやすいので、切削速度や切り込みを通常の値より、1 ～ 2 割程度落とす必要があります。

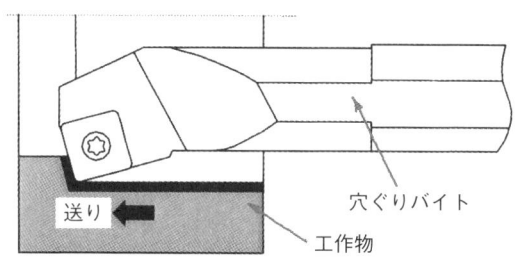

図 3-28　通し穴加工用穴ぐりバイト（タンガロイ）

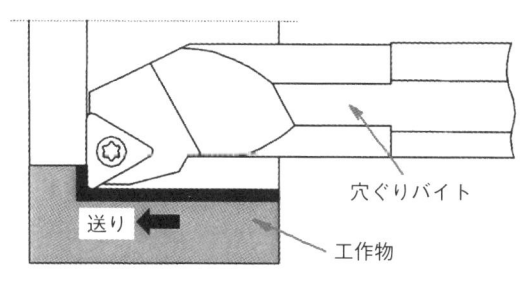

図 3-29　止まり穴加工用穴ぐりバイト（タンガロイ）

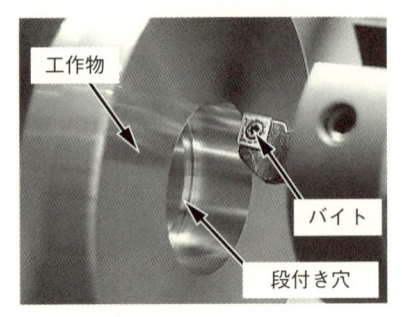

図 3-30　段付き穴あけ加工（ヤマザキマザック）

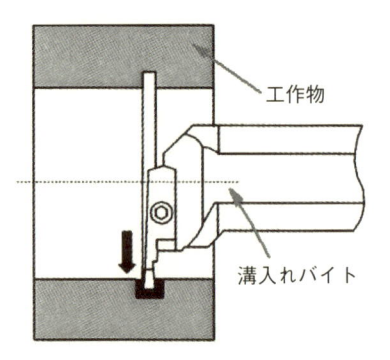

図 3-31　内径溝入れバイト（タンガロイ）

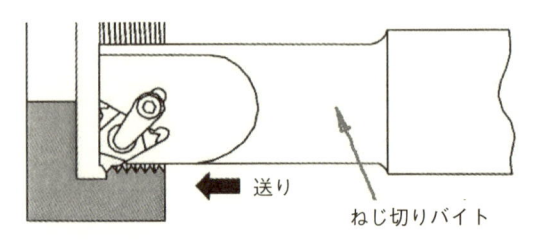

図 3-32　内径ねじ切りバイト（タンガロイ）

第4章

フライス盤による穴あけ加工

　この章では、まず切削工具を主軸に取り付けるクイックチェンジホルダの着脱方法、ストレートおよびテーパシャンクドリルの取り付け法、およびマシンバイスを用いた工作物の取り付けの仕方について述べています。そしてドリルを用いた穴あけ法、リーマによる穴仕上げ、ボーリングヘッドを用いた中ぐり加工、およびエンドミルによるコンタリング加工の実際を解説しています。また座ぐりや面取りの例も示しています。

4-1●クイックチェンジホルダの取り付け

　図4-1に立形フライス盤とその各部の名称を示します。このフライス盤を用いて穴あけ加工するには、各種切削工具を取り付けるための準備が必要になります。まずフライス盤の主軸にクイックチェンジホルダを取り付けます。図4-2が取り付けに必要なクイックチェンジホルダとド

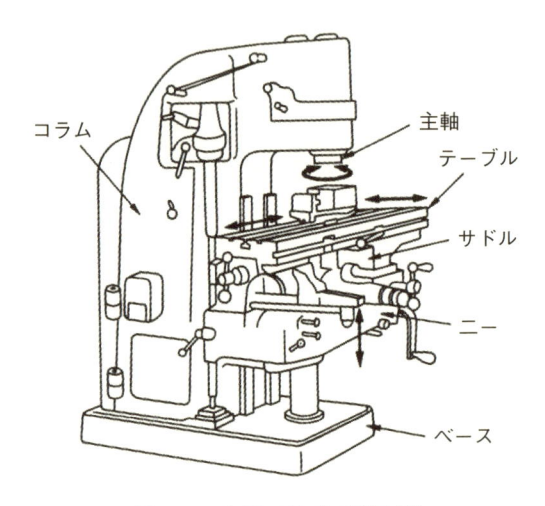

図4-1　立形フライス盤の例

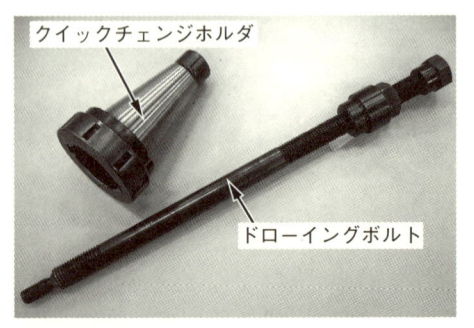

図4-2　クイックチェンジホルダとドローイングボルト

キー

クイックチェンジ
ホルダ

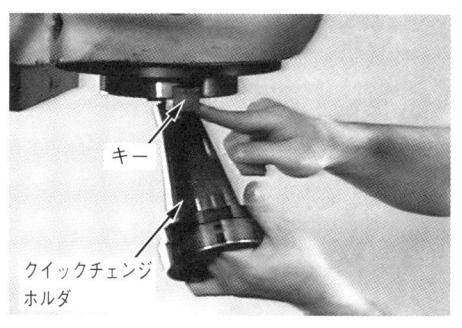

図4-3　クイックチェンジホルダの主軸テーパへの挿入

キー

クイックチェンジホルダ

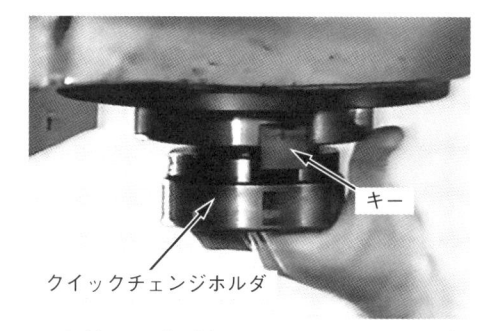

図4-4　主軸テーパに挿入したクイックチェンジホルダ

ローイングボルトです。クイックチェンジホルダのテーパ部をきれいに掃除し、フライス盤の主軸に挿入します（**図4-3**）。このとき、クイックチェンジホルダにはキー溝があるので、その溝と主軸のキーとを合わせます。**図4-4**が主軸のテーパ穴に挿入したクイックチェンジホルダです。このままではクイックチェンジホルダが落下してしまうので、片手でこのホルダを支え、またもう片方の手で主軸に挿入したドローイングボルトを約3〜4回転、そのホルダにねじ込みます（**図4-5**）。この場合、ボルトをあまり深くそのホルダにねじ込んでしまうと、後でそこに取り付けるミーリングチャックなどにボルトの先端が当たってしまいます。

　ナットを手で回して、クイックチェンジホルダを固定します（**図4-6**）。そしてスパナでナットを締めて、クイックチェンジホルダをしっかりと取り付けます。**図4-7**が主軸に取り付けたクイックチェンジホルダです。

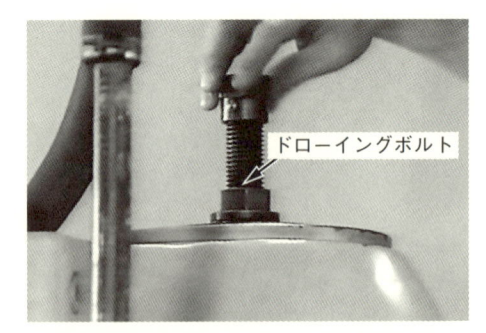

図4-5　ドローイングボルトの取り付け

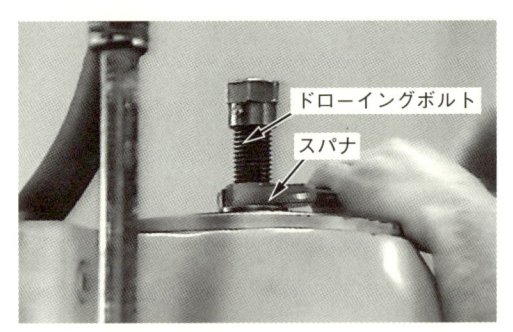

図4-6　ナットを締めてクイックチェンジホルダを固定

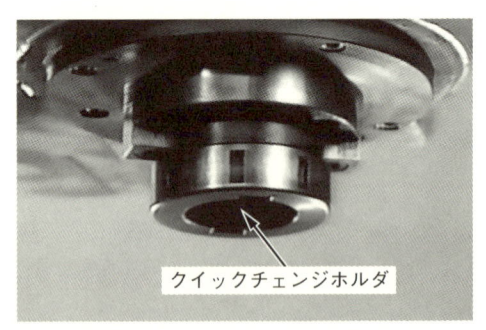

図4-7　主軸に取り付けたクイックチェンジホルダ

4-2 ● ストレートシャンクドリルの取り付け

（1） テーパシャンクドリルチャックを用いる場合

図4-8にクイックチェンジホルダとフックスパナを示します。ドリルチャックを取り付ける場合は、クイックチェンジホルダの締め付けリングをスパナで締めつけます。図4-9がストレートシャンクドリルを取り付けるドリルチャックとチャックハンドルです。

まずドリルチャックのテーパ部をウエスできれいに掃除します（図4-10）。またクイックチェンジホルダのテーパ穴もきれいに掃除し、その中にドリルチャックを挿入します（図4-11）。ホルダの締め付けリン

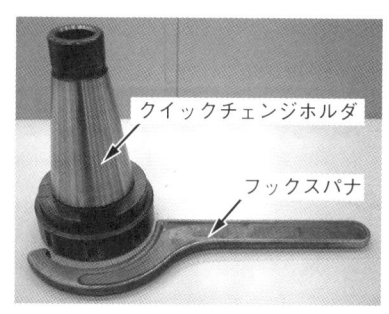

図4-8　クイックチェンジホルダとフックスパナ

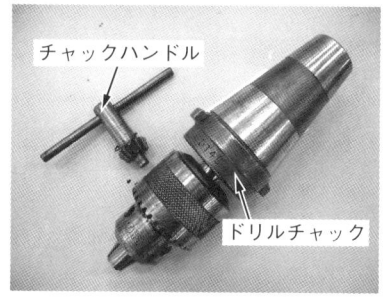

図4-9　ドリルチャックとハンドル

図4-10　テーパシャンクドリルチャックの掃除

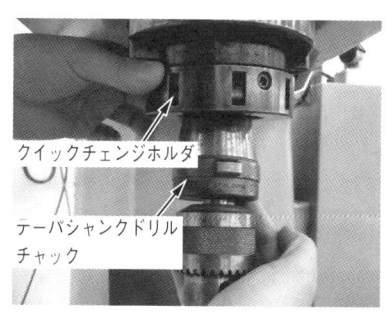

図4-11　テーパシャンクドリルチャックのホルダへの挿入

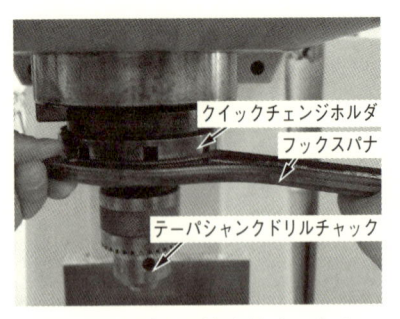

図 4-12　スパナの締め付けによるドリルチャックの固定

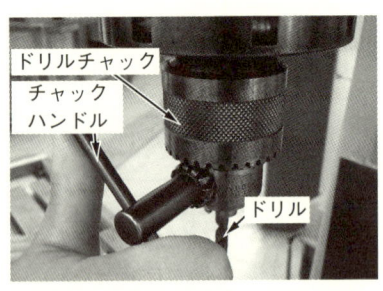

図 4-13　ドリルの挿入とドリルチャックの締め付け

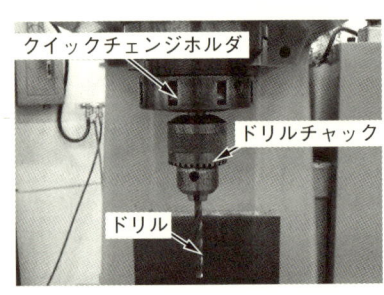

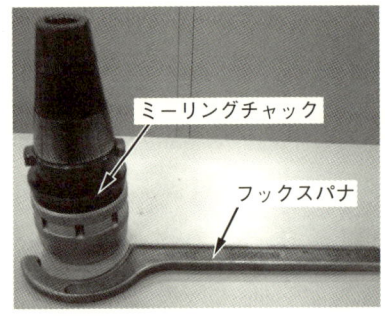

図 4-14　チャックに取り付けたストレートシャンクドリル

図 4-15　ミーリングチャックとフックスパナ

　グの溝にフックスパナの爪を合わせます（**図 4-12**）。そしてスパナを手で回して、ドリルチャックをクイックチェンジホルダにしっかりと取り付けます。

　チャックハンドルを手で回して、その爪を開き、その中にストレートシャンクドリルを差し込みます。そしてハンドルを回し、爪を締めて、ドリルをチャックに取り付けます（**図 4-13**）。

　図 4-14がドリルチャックに取り付けたストレートシャンクドリルです。

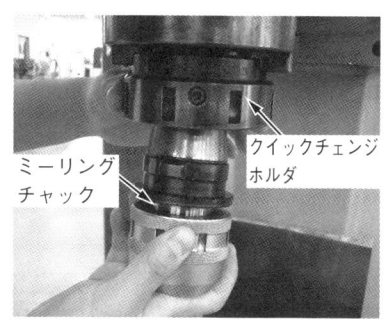

図 4-16 ミーリングチャックをホルダに挿入

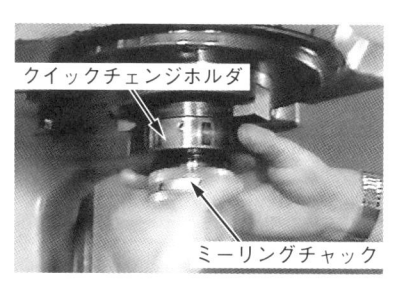

図 4-17 ミーリングチャックのホルダへの挿入

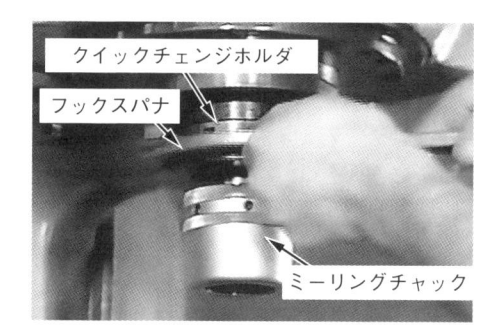

図 4-18 スパナの締め付けによるミーリングチャックの取り付け

（2） ストレートシャンクドリルチャックを用いる場合

ストレートシャンクドリルチャックを用いる場合は、**図 4-15** に示すミーリングチャックとフックスパナを用いて取り付けをします。ミーリングチャックのテーパ部とクイックチェンジホルダのテーパ穴をきれいに掃除し、チャックをホルダに挿入します（**図 4-16**）。この場合、ミーリングチャックの突起部とホルダの切欠部を合わせます。クイックチェンジホルダの締め付けリングを手で回して、ミーリングチャックの仮締めをします（**図 4-17**）。そしてフックスパナでそのリングを回し、ミーリングチャックをしっかりと締め付けます（**図 4-18**）。**図 4-19** がクイックチェンジホルダに取り付けたミーリングチャックです。

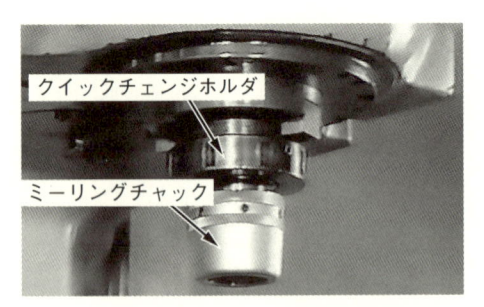

図4-19　ホルダに取り付けたミーリングチャック

図4-20　ストレートシャンクドリルチャックとフックスパナ

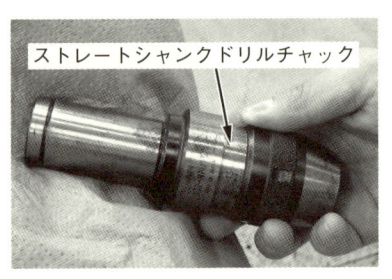

図4-21　ストレートシャンクドリルチャックの掃除

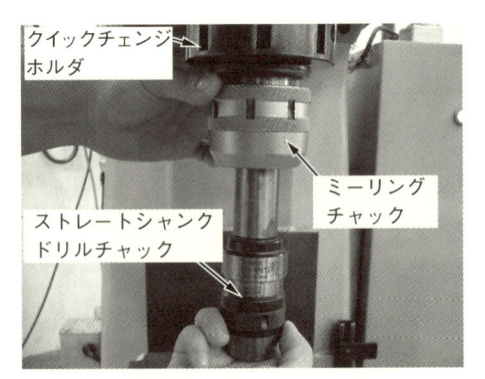

図4-22　ミーリングチャックへのドリルチャックの挿入

図4-20にストレートシャンクドリルチャックとフックスパナを示します。このストレートシャンクドリルチャックをミーリングチャックに取り付けます。まずストレートシャンクドリルチャックをきれいに掃除します（**図**4-21）。そしてそのドリルチャックをクイックチェンジホルダに取り付けたミーリングチャックに挿入します（**図**4-22）。ミーリングチャックの締め付けリングをフックスパナで回して、ストレートシャンクドリルチャックを取り付けます（**図**4-23）。そしてそのドリルチャックにストレートシャンクドリルを差し込みます（**図**4-24）。フックスパナでドリルチャックを締め付けます（**図**4-25）。

図4-23　スパナの締め付けによるドリルチャックの取り付け

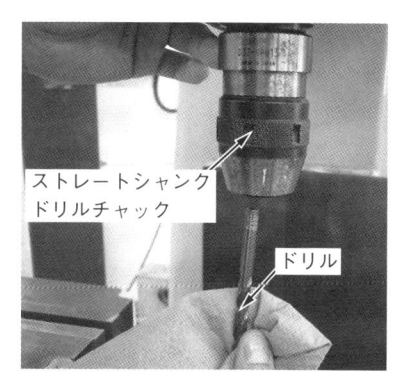

図4-24　ストレートシャンクドリルのチャックへの挿入

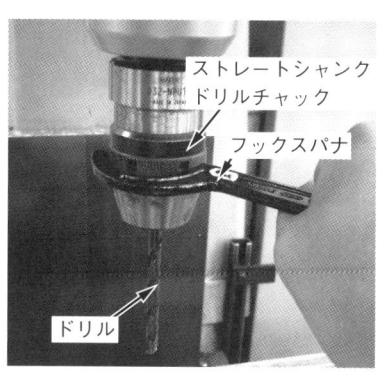

図4-25　フックスパナによるドリルチャックの締め付け

4-3 ●テーパシャンクドリルの取り付け

　図4-26にテーパシャンクドリルとテーパホルダを示します。テーパシャンクドリルをテーパホルダに差し込みます（図4-27）。図4-28にテーパホルダに取り付けたテーパシャンクドリルとミーリングチャックを示します。まずミーリングチャックをクイックチェンジホルダに取り付け、そのミーリングチャックにテーパホルダを差し込みます（図4-29）。そしてミーリングチャックをフックスパナで締め、テーパシャンクドリルを取り付けます。また図4-30に示すようにテーパシャンクドリルをモールステーパホルダに取り付け、そしてそれをフライス盤の主軸に固定する方法などもあります。

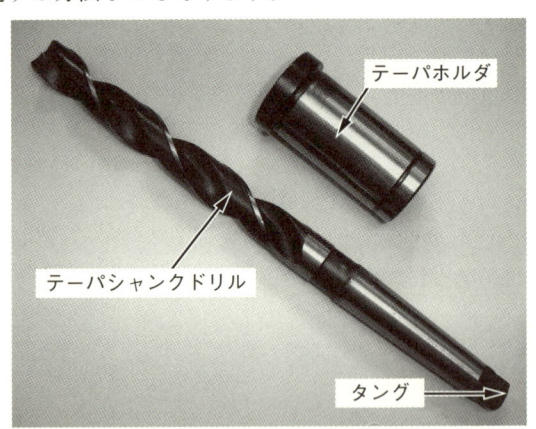

図4-26　テーパシャンクドリルとテーパホルダ

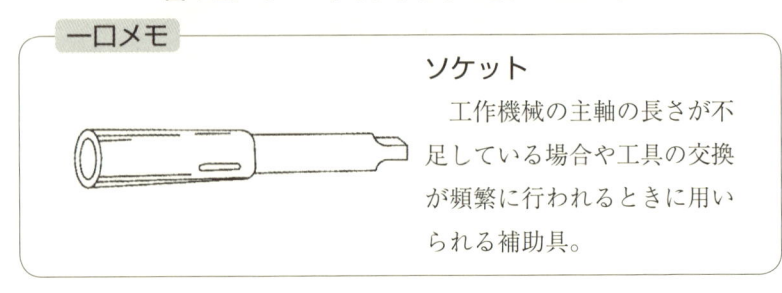

一口メモ

ソケット

　工作機械の主軸の長さが不足している場合や工具の交換が頻繁に行われるときに用いられる補助具。

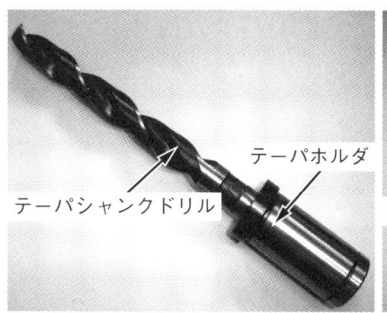

図4-27 テーパホルダへのドリルの挿入

図4-28 テーパホルダのミーリングチャックへの取り付け

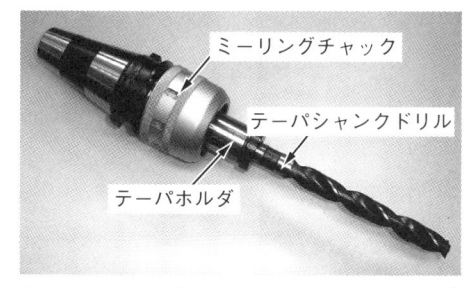

図4-29 テーパシャンクドリルのツーリング

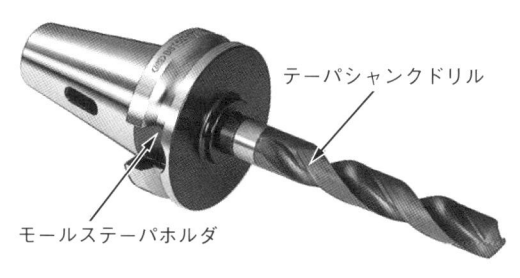

図4-30 テーパシャンクドリルのホルダへの取り付け（大昭和精機）

4-4 ● 穴あけ加工用工作物の取り付け

　ここでは穴あけ加工用工作物をマシンバイスを用いて取り付けます。**図4-31**がマシンバイスです。このマシンバイスをフライス盤のテーブル面にボルトを用いて取り付けます。取り付けたマシンバイスの口金を開いて、ウエスできれいに掃除します（**図4-32**）。そして2枚の平行台を口金に沿って置きます（**図4-33**）。その平行台の上に六面体加工の終わった工作物を載せます（**図4-34**）。そしてハンドルを手で回して、工作物を締め付けます（**図4-35**）。

　この場合、銅ハンマなどでハンドルを強く叩かないでください。図**4-36**に示すように、工作物をショックレスハンマで軽く叩き、平行台に密着させます。**図4-37**がマシンバイスに取り付けた工作物です。

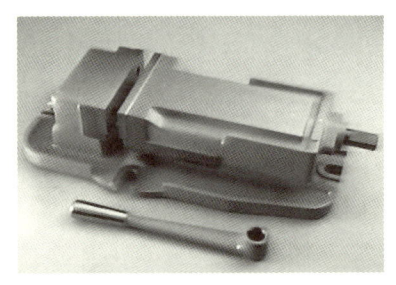

図4-31　マシンバイス

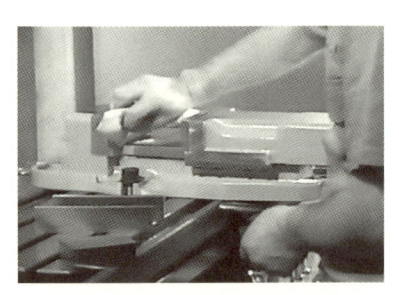

図4-32　バイスと口金の掃除

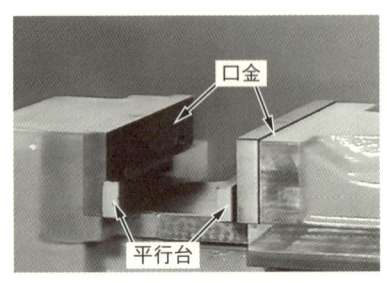

図4-33　平行台のセッティング

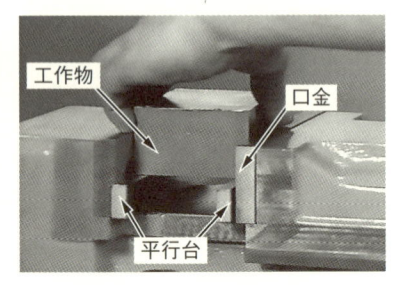

図4-34　工作物の取り付け

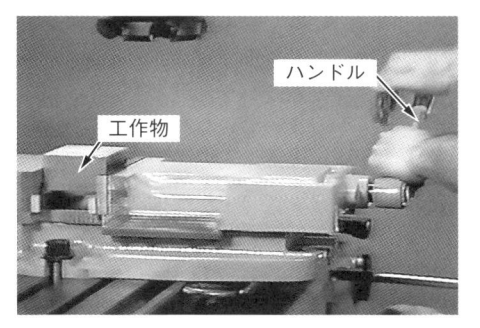

図 4-35 バイスの締め付け

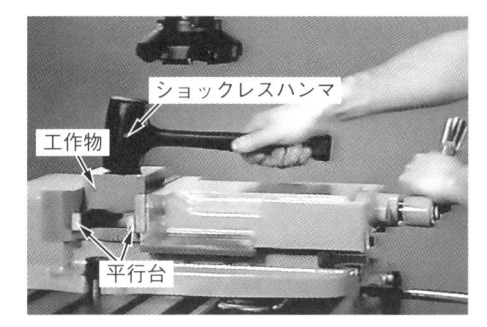

図 4-36 ショックレスハンマによる軽い打撃

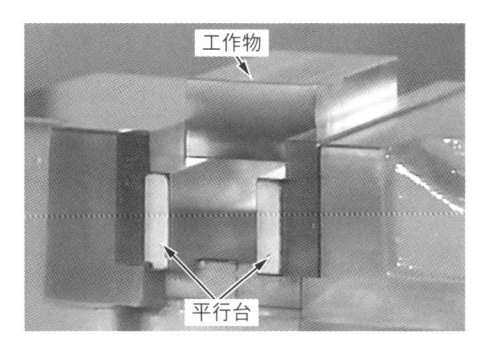

図 4-37 バイスに取り付けた工作物

4-5 ● ドリルによる穴あけ加工

　ドリルで工作物に穴あけ加工する場合には、その位置決めが大切です。まずけがき線による方法です。**図4-38**は加工面に青竹を用いてケガキをし、その交点にポンチで打痕を作った工作物です。この工作物の打痕位置にドリルを位置決めし、そしてテーブルを少し上げて、試し削りをして、その打痕とドリル先端とが一致しているか確認します。もし工作物の打痕位置とドリル先端が一致していれば、そこに穴あけ加工をします。

　もう1つの方法は、所定の位置にセンタ穴をあけた後、ドリルで穴あけ加工するものです。**図4-39**のようにドリルチャックにセンタ穴ドリルを取り付け、工作物の穴あけ加工位置にセンタ穴を前加工します。そしてセンタ穴ドリルをストレートシャンクドリルに取り替えます。そして所要の切削条件（15頁の表1-2～表1-7参照）で穴あけ加工します（**図4-40**）。

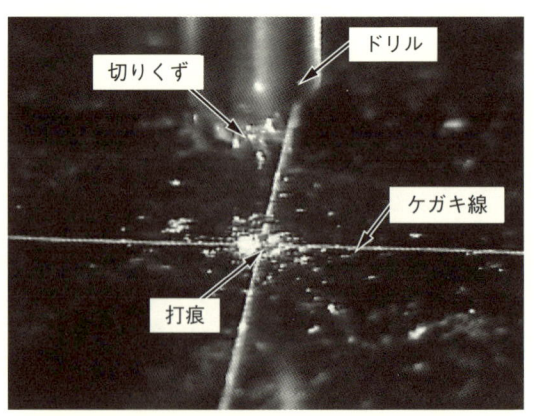

図4-38　ポンチの打痕に基づく穴あけ加工

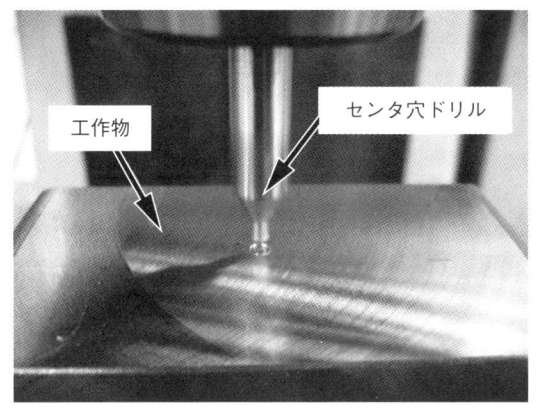

図 4-39 センタ穴ドリルによるセンタ穴加工

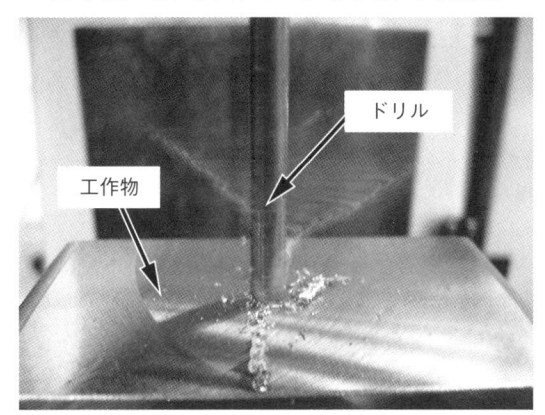

図 4-40 ドリルによる穴あけ加工

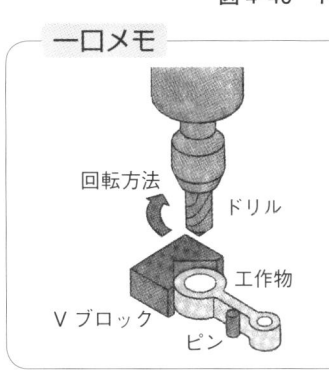

―口メモ

工作物の取り付け方法

工作物を取り付ける場合は、ドリルで切削したときの切削力のかかる方向に、受けを設けましょう！

4-6 ● リーマによる穴仕上げ

　図4-41にストレートシャンクとテーパシャンクの直刃リーマを示します。ここではテーパシャンクリーマの取り付けについて述べます。

　図4-42はテーパシャンクリーマの取り付けに必要なもので、テーパホルダとミーリングチャックです。テーパシャンクリーマをテーパホルダに挿入します（図4-43）。そしてそのテーパホルダをクイックチェンジホルダに取り付けたミーリングチャックに差し込みます（図4-44）。

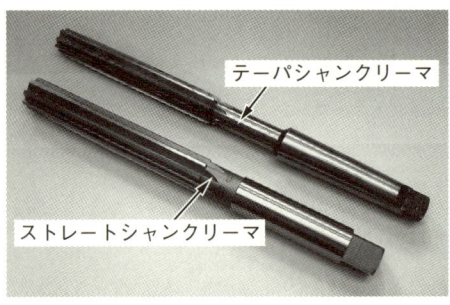

図4-41　ストレートシャンクリーマとテーパシャンクリーマ

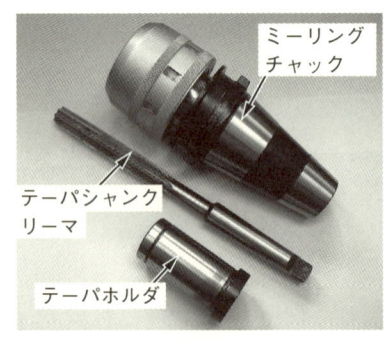

図4-42　テーパシャンクリーマの取り付け

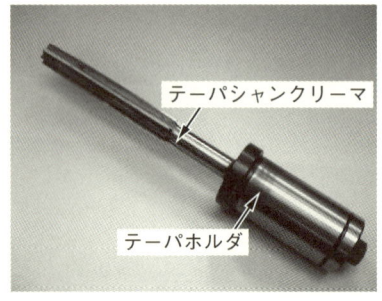

図4-43　テーパシャンクリーマをテーパホルダに挿入

そしてフックスパナでクイックチェンジホルダのリングを締め付けます。**図4-45**がフライス盤の主軸に取り付けたリーマです。

ドリルで下穴を加工（20頁の表1-11参照）した場所に、リーマを位置決めします（**図4-46**）。そして所定の切削条件（18頁の表1-8～表1-10参照）で、切削油剤を供給して、リーマ仕上げします（**図4-47**）。

図4-44　テーパホルダのミーリングチャックへの取り付け

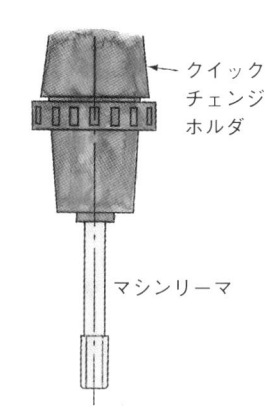

図4-45　マシンリーマの取り付け

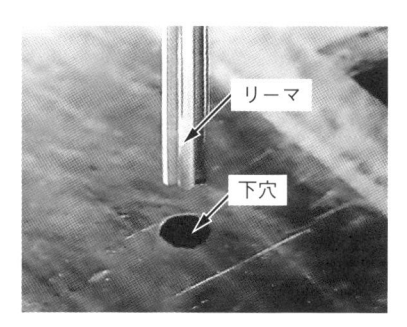

図4-46　リーマの位置合わせ

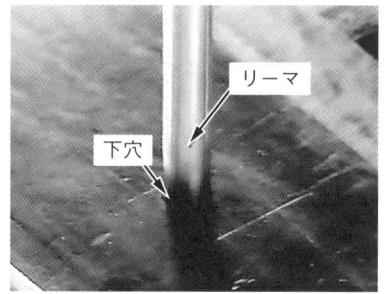

図4-47　リーマ加工

4-7 ● ボーリングヘッドを用いた中ぐり加工

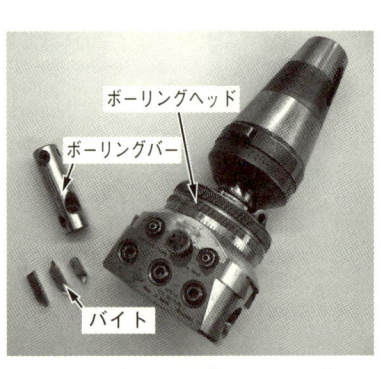

図 4-48 にボーリングヘッド、ボーリングバーおよびバイトを示します。またボーリングヘッドの各部の名称を図 4-49 および図 4-50 に示します。

ボーリングバーにバイトを取り付け、そのボーリングバーをボーリングヘッドの工具取付け穴に差し込みます（図 4-51）。工具締付けねじで

図 4-48　ボーリングヘッド、ボーリングバーおよびバイト

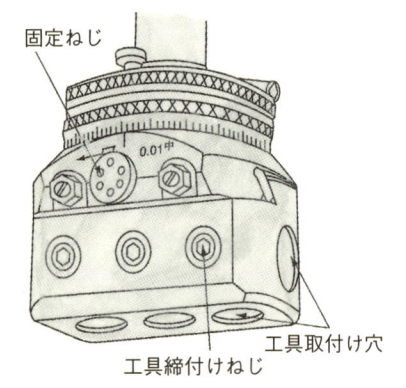

図 4-49　ボーリングヘッド各部の名称（その 1）

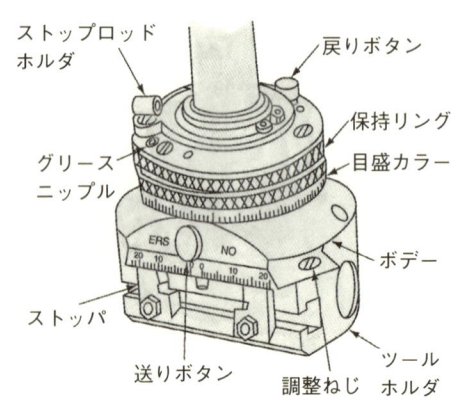

図 4-50　ボーリングヘッド各部の名称（その 2）

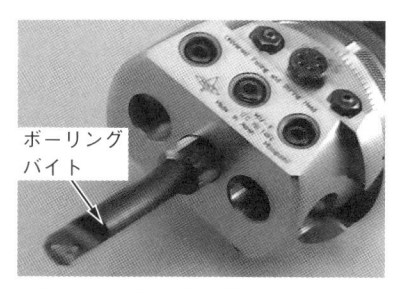

図 4-51 ボーリングヘッドへの
バイトの取り付け

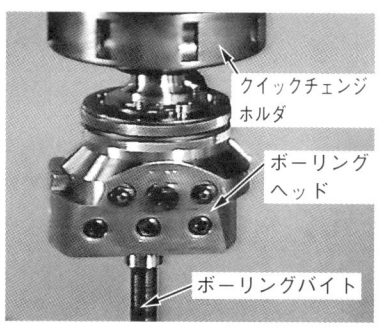

図 4-52 ボーリングヘッドのクイック
チェンジホルダへの取り付け

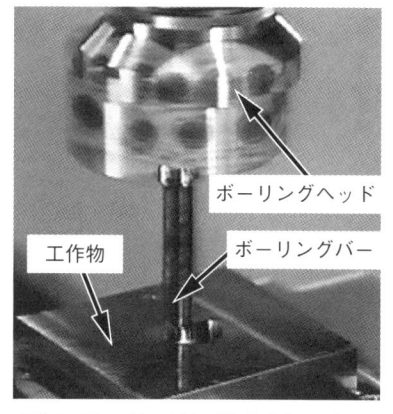

図 4-53 ボーリングバイトによる
中ぐり加工

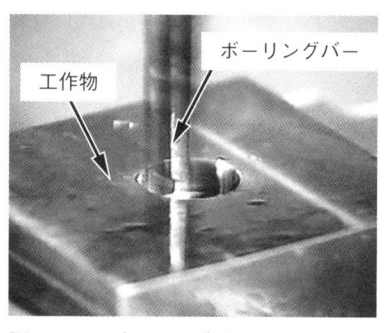

図 4-54 ボーリングバイトの引き上げ

ボーリングバーを締め付け、そしてボーリングヘッドをクイックチェンジホルダに取り付けます（**図 4-52**）。工作物の下穴を前加工した位置に、ボーリングヘッドの中心を合わせてセッティングします（**図 4-53**）。そして所定の切削条件で中ぐり加工をします（**図 4-54**）。

この場合、バイトの突き出し長さが大きいので、通常の切削条件よりも切削速度や切り込みを1〜2割程度小さくします。また切削時にビビリ（工作物や工具のわずかな振動による切削不良の状態）が発生する場合には、切削速度を落としたり、切り込みを小さくするなどの対策が必要です。

4-8 ● エンドミルを用いたコンタリング加工

図 4-55 に NC（数値制御）機能付きのフライス盤の例を示します。

このようなフライス盤の場合には、図 4-56 に示すように、エンドミルを回転し、そしてテーブルを円弧送りすること（コンタリング加工）により、穴あけ加工ができます[3]。

まず機械の主軸にクイックチェンジホルダを取り付けます（図 4-57）。そしてそのクイックチェンジホルダにミーリングチャックを取り付けます（図 4-58）。また使用するエンドミルをコレットに挿入（図 4-59）し、そのコレットをミーリングチャックに差し込みます（図 4-60）。エンドミルにウエスを巻いて片手で支持し、もう一方の手でミーリングチャックを締め付けます（図 4-61）。

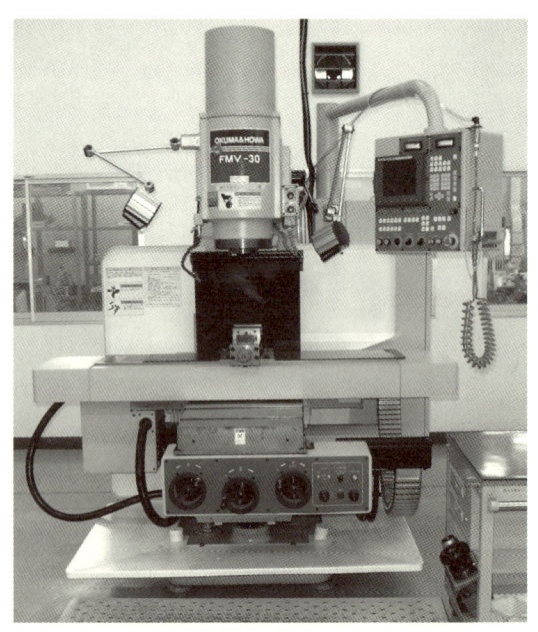

図 4-55　NC 機能付きフライス盤の例

第4章 ● フライス盤による穴あけ加工

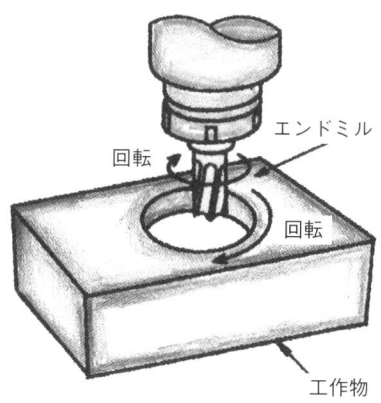

図 4-56
NC制御を用いたエンドミルによる穴あけ加工

エンドミル
回転
回転
工作物

クイックチェンジホルダ

図 4-57 主軸に取り付けたクイックチェンジホルダ

クイックチェンジホルダ
ミーリングチャック

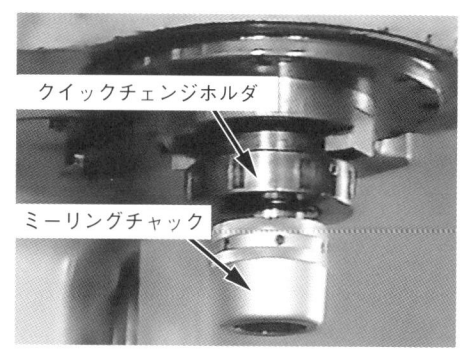

図 4-58 ホルダに取り付けたミーリングチャック

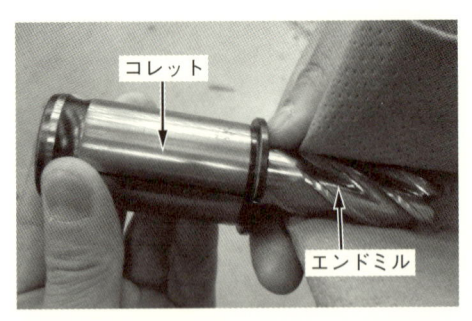

図 4-59　エンドミルのコレットへの挿入

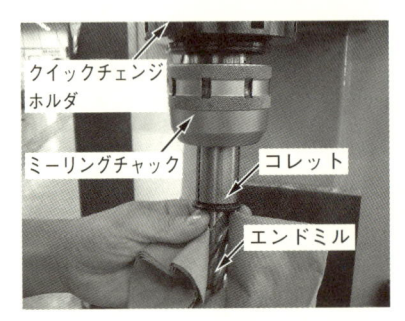

図 4-60　コレットのミーリングチャックへの取り付け

図 4-61　手によるミーリングチャックの締め付け

　この場合、エンドミルを素手で持つと、手を切る場合があります。またエンドミルを手で支持するのを忘れると、ミーリングチャックの締め付け時に、そのエンドミルが落下し、破損することがあるので注意してください。フックスパナでミーリングチャックを締めて、エンドミルをしっかりと取り付けます（**図 4-62**）。

　そして**図 4-63** に示すように、テーブルを手で送り、エンドミルを工作物の側面にわずかに接触させ、それぞれ X 方向および Y 方向の 0 点設定を行います。そしてテーブルを移動し、穴あけ加工の場所にエンドミルを位置決めをした後、所定のプログラムを用いて円弧切削を行います（**図 4-64**）。また荒切削と仕上げ切削を行い、所要の寸法精度および表面粗さになるように穴あけ加工をします（**図 4-65**）。

加工が終わったならば、内径マイクロメータでその穴径を測定し、適切な寸法か確認します（**図4-66**）。**図4-67**が穴あけ加工の終わった工作物です。

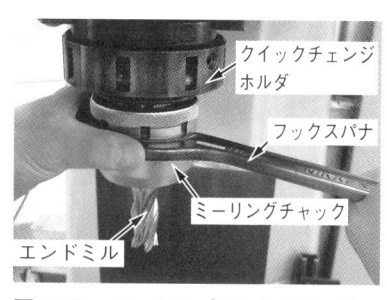

図4-62　フックスパナによるミーリングチャックの締め付け

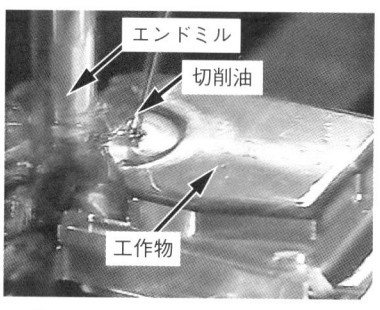

図4-63　エンドミルの位置決め

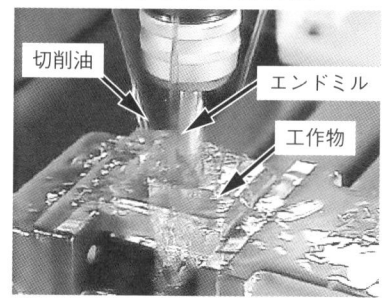

図4-64　穴あけ加工の開始

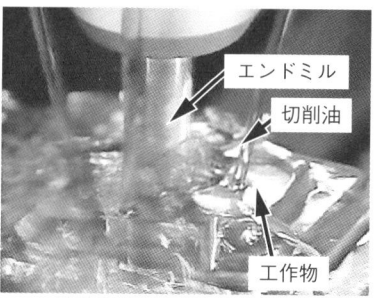

図4-65　エンドミルによるコンタリング加工

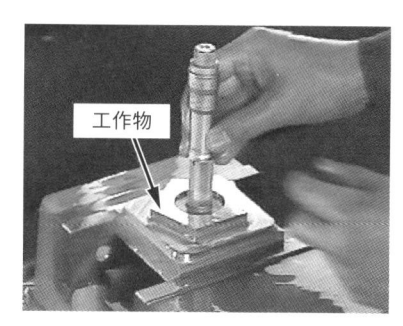

図4-66　内径マイクロメータによる寸法精度のチェック

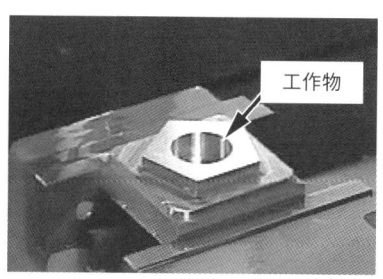

図4-67　コンタリング加工の終わった工作物

この場合の切削条件の目安は、工作物が鋼材の場合、切削速度は高速度工具鋼のエンドミルで 20 m/min 〜 30 m/min 程度で、超硬合金のもので 60 m/min 〜 80 m/min 程度とします。また、刃当たりの送りは、エンドミルの直径が 3 mm の場合、0.015 〜 0.02 mm／刃、φ 10 mm で 0.05 〜 0.06mm／刃、φ 16mm で 0.07 〜 0.08 mm／刃そして φ 20 mm で 0.1 mm／刃となります。ただし、エンドミルの場合、その突き出し長さや、溝削りか、あるいはすみ削りかなどにより、多少、切削条件が異なるので注意してください。

　この場合、主軸回転数とテーブル送り速度は次のとおりです。

主軸回転数 $n =$ (1,000 ×切削速度 V)／(円周率 π ×エンドミル直径 D)

V : m/min　　n : min^{-1}　　D : mm

テーブル送り速度 $F =$ 刃当たりの送り f ×主軸回転数 n ×刃数 Z

F : mm/min　　f : mm／刃　　Z : 枚

　また図 4-68 にこのようなコンタリング加工を行った円の溝切削例を示します。

　このように NC 機能の付いたフライス盤を用いれば、エンドミルを用いて任意直径の穴あけ加工が容易に行えます。

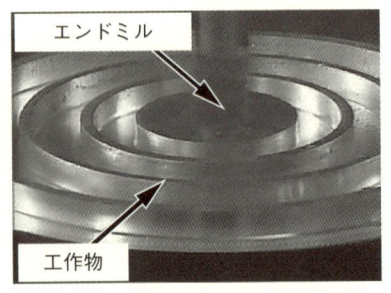

図 4-68　コンタリング加工した円溝の例

4-9 ● その他の各種穴あけ加工

図4-69に沈めフライスを示します。このフライスを主軸に取り付け、座ぐりを行います。まず、工作物にドリルを用いて下穴を加工します。そしてその穴をこの座ぐりフライスで所要の深さまで加工します。図4-70が座ぐり後の穴です。このような穴あけ加工は、六角穴付きボルトの頭部を沈めるためなどに行われます。

また、工作物にドリルなどで加工した穴の面取りには、面取りフライスが用いられています。面取りフライスを主軸に取り付け、下穴と刃物の中心を合わせて、面取りを行います（図4-71）。図4-72が面取り加工を終えた工作物です。

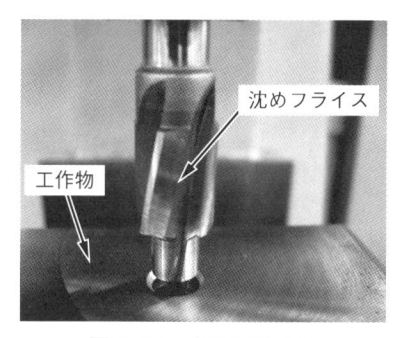

図4-69 沈めフライス

図4-70 座ぐり加工した穴

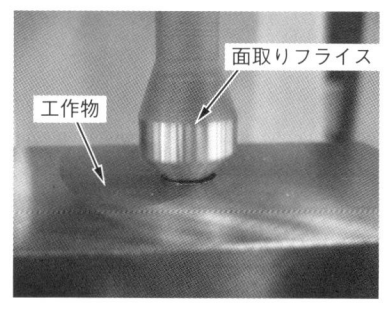

図4-71 面取りフライスと面取り加工

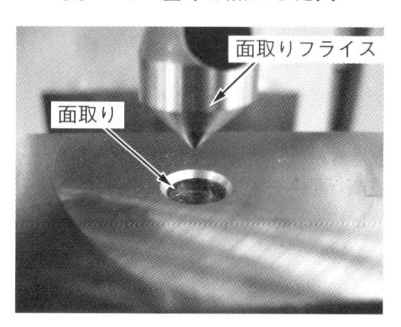

図4-72 面取り加工を施した工作物

第5章

研削盤による穴あけ加工

　この章では、研削盤を用いた穴あけ加工の方法について述べています。研削盤を用いた穴の精密仕上げ方法には、研削といしと工作物をともに回転する方式と、といしを自転・公転する方式とがあります。ここでは、それらの代表的な方法である内面研削による各種穴の仕上げ法とジグ研削盤を用いたコンタリングによる穴の仕上げ加工方法を解説しています。またセンタ穴研削盤を用いた工作物センタ穴の精密研削例を示しています。

5-1 ● 内面研削盤による穴あけ加工

（1） 内面研削による穴あけ加工の方式

図 5-1 に内面研削による穴あけ加工の方式を示します。

この加工方式には、工作物と研削といしをともに回転する方式と、工作物を固定し、といしが自転・公転運動（遊星運動）する方式とがあります。

（2） 内面通し穴あけ加工

図 5-2 に内面研削盤の例を示します[7]。この研削盤には、**図 5-3** に示すように2本のといし軸があります。この場合は、片方のといしで工作物の内面を研削し、もう片方のといしで工作物の端面研削をします。

図 5-4 に内面通し穴研削の概要を示します。

工作物を内面研削盤のチャックに取り付け、その工作物の内面を研削といしで形状・寸法精度高く研削します。この場合、といし直径は工作物の穴径の約2/3程度とします。また、といしストローク長さを決定する場合、その工作物端面からの抜けしろを、といし幅の約1/4～1/3とします。といしの抜けしろが適切でないと、穴の両端面近傍が、広くな

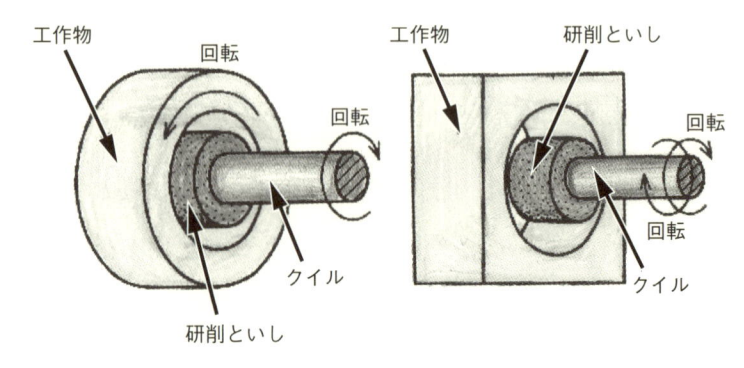

図 5-1　内面研削の方式

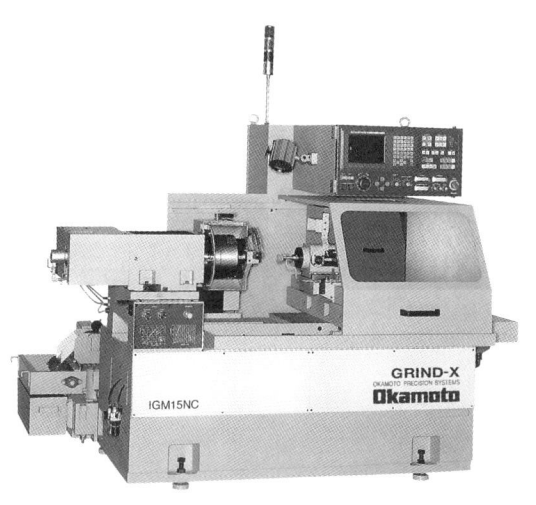

図 5-2　内面研削盤の例（岡本工作機械製作所）

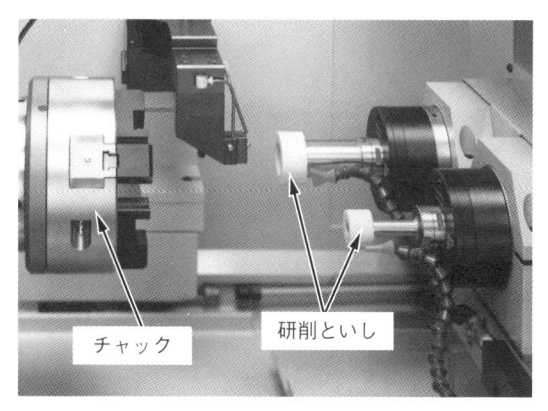

図 5-3　内面研削盤の2といし軸（岡本工作機械製作所）

チャック　　研削といし

―口メモ

内面研削盤の方式

　横軸内面研削盤には、主軸台移動方式といし台移動方式とがあります。

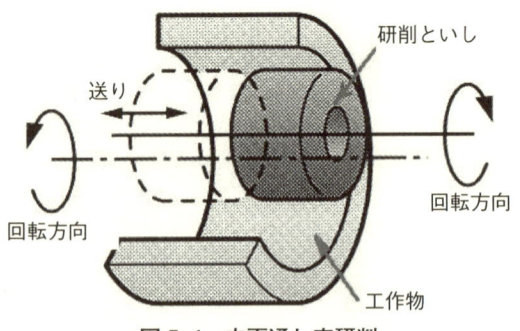

図 5-4　内面通し穴研削

図 5-5　歯車の内面研削例
（岡本工作機械製作所）

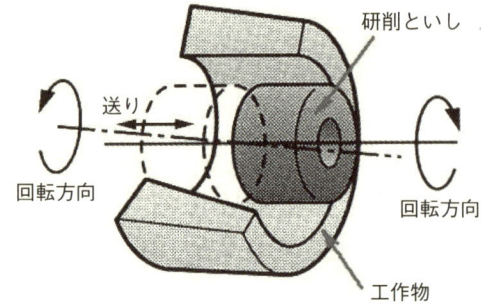

図 5-6　内面テーパ穴研削

ったり、狭くなったりするので注意してください。**図 5-5** が内面研削で仕上げられた歯車の通し穴です。この場合は、歯車の穴の内面と端面が研削されています[4]。

（3）　テーパ穴あけ加工

図 5-6 に工作物のテーパ穴研削の概要を示します。また**図 5-7** にテーパ穴研削の様子を示します。まず工作物をチャックに取り付け、その主軸台を所要の角度だけ傾けます。

この場合、工作物を適切な力でチャックに締め付けます。強く締め付け過ぎると、工作物が変形し、穴の真円度が低下します。また適切なト

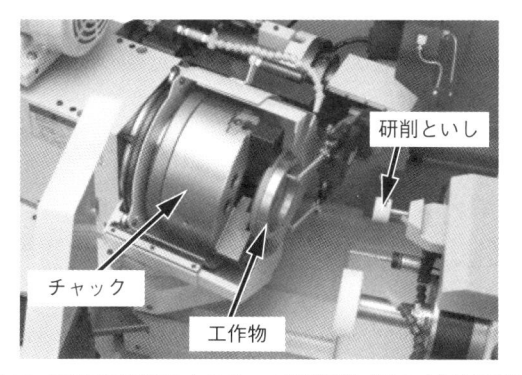

図 5-7　内面研削盤によるテーパ穴研削（岡本工作機械製作所）

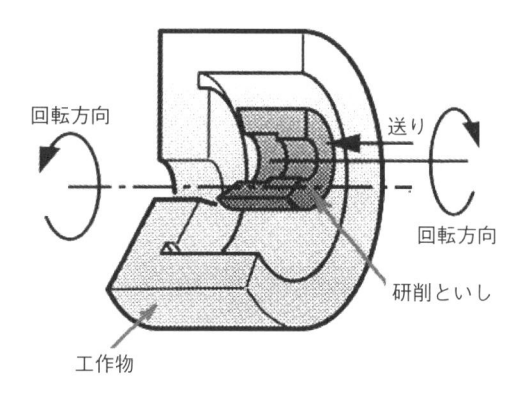

図 5-8　段付き穴研削

ラバース長さ（といし抜けしろをこの場合もといし幅の約 1/4 ～ 1/3）にセッティングします。

（4）　段付き穴あけ加工

図 5-8 に段付き穴研削の概要を示します。

この場合は、研削といしの外周面で工作物の穴内面を研削し、といしの側面で段付き穴の端面を研削します。図 5-9 に段付き穴の研削の様子を示します。この場合は、工作物の通し穴、段付き穴および端面の研削を行います。

（5） 内面溝加工

図 5-10 に内面溝研削の概要を示します。

この場合はといしの外周面を円弧状に成形し、そのといしを工作物に押し込むように研削（プランジ研削）します。ボールベアリングのリングの内周溝などがこのような方法で研削されています。

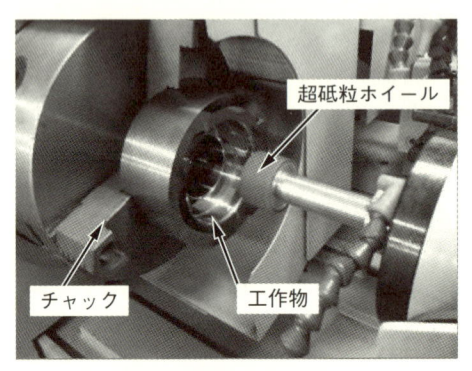

図 5-9 内面段付き研削の例 （岡本工作機械製作所）

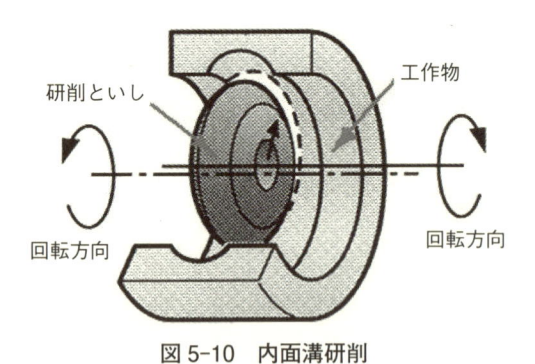

図 5-10 内面溝研削

一口メモ

超砥粒ホイール

超砥粒ホイールには、CBN（立方晶チッ化ホウ素）とダイヤモンドホイールとがあります。

5-2 ジグ研削盤による穴あけ加工

図 5-11 にジグ研削盤の例を示します[8]。また、図 5-12 にそのテーブルに取り付けた工作物とといし軸に固定した超砥粒ホイール（研削といし）を示します。

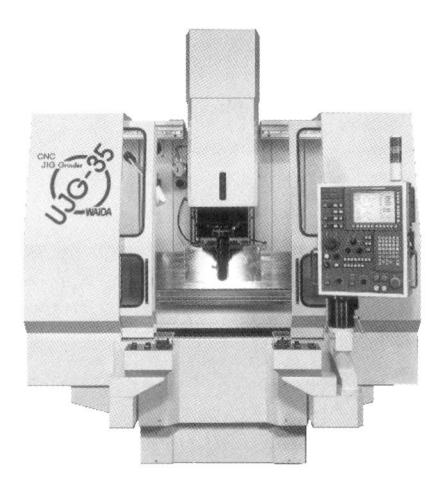

図 5-11　ジグ研削盤の例（和井田製作所）

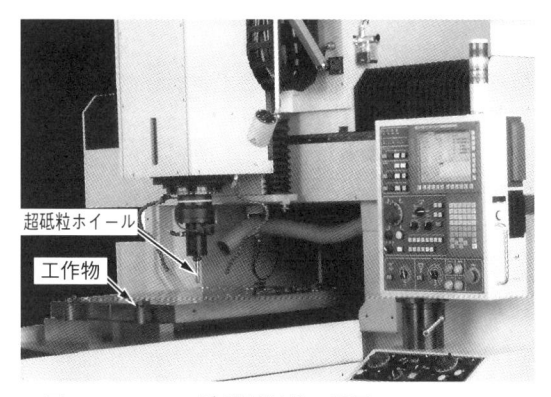

図 5-12　CNC ジグ研削盤の概要（和井田製作所）

図 5-13　連続穴研削の例（和井田製作所）

図 5-14　異径穴の連続研削例（和井田製作所）

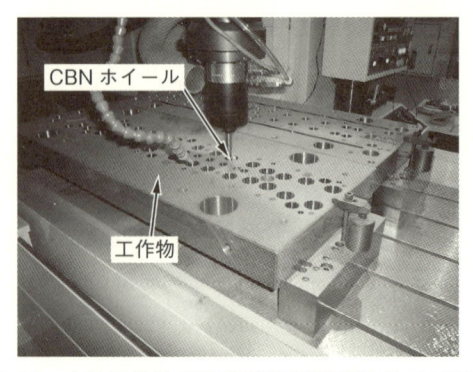

図 5-15　大物工作物の連続異径穴研削例（和井田製作所）

この研削盤はジグ（刃物の案内機構、工作物の位置決め・取り付け機構を有する道具）、抜き型（プレスを用いてせん断加工をするときの型）およびゲージなどの穴を精密に研削するものです。テーブルがX軸とY軸方向に、またといし軸がZ軸方向に運動するとともに、プラネタリ運動（C軸）をします。

これらの制御により、穴の内面研削、円弧研削および直線研削が高精度に行えます。

（1） 連続穴研削

図5-13に同一寸法の穴を連続して研削する例を示します。このように穴の位置決めと、研削といしの自転・公転運動により、連続穴の研削が高精度に行えます。

（2） 異径穴の連続研削

図5-14に異径穴を連続して研削する例を示します。このようにX軸、Y軸、Z軸およびC軸をコンピュータで制御することにより、異径穴を連続して高精度に研削できます。

（3） 大物工作物の異径穴連続研削

テーブル面積の広いジグ研削盤の場合には、大きな工作物の異径穴連続研削が可能です。図5-15に大物工作物の異径穴連続研削の例を示し

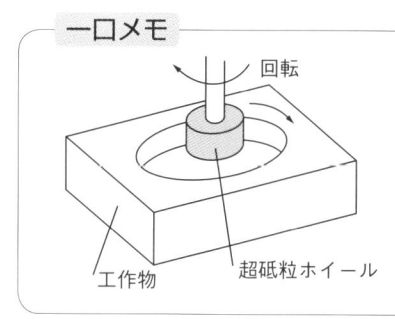

一口メモ

輪郭研削（コンタリング研削）

輪郭研削はコンタリング研削とも言われています。このコンタリング研削は、通常、プロファイル研削と成形研削とに区分けされています。

（図：回転／工作物／超砥粒ホイール）

ます。
　このようにジグ研削盤を用いれば、大物工作物の場合であっても、異径穴が形状・寸法精度とともにそのピッチ精度よく研削することができます。

（4） 内面コンタリング研削

　ジグ研削盤のX軸、Y軸、Z軸およびC軸制御により、図5-16に示すような内面コンタリング（輪郭）研削ができます。このような異径穴の研削や内面コンタリング研削などは、高精度金型加工などにおいて多く用いられています。

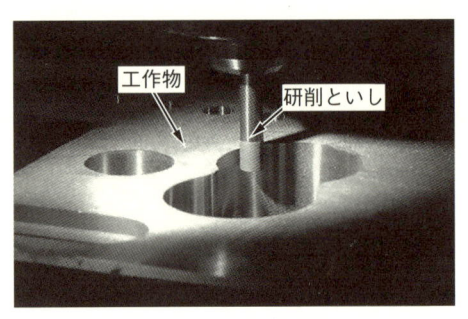

図 5-16　内面コンタリング研削 (和井田製作所)

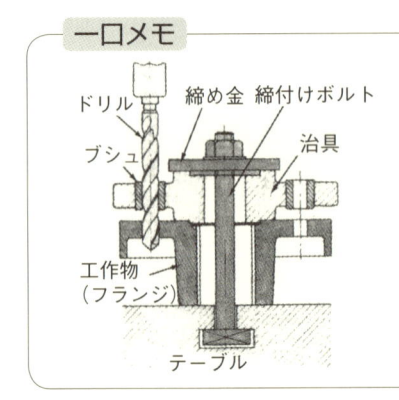

一口メモ

ジグ（治具）とは

　ジグ（治具）には、位置決め機構、工作物の締め付け機構、および切削工具の案内機構があります。通常、ジグと取付具は混同して用いられています。

5-3 ● センタ穴研削

　マンドレル（心金）などを円筒研削盤（円筒工作物の主として外周面を高精度に加工する研削盤）を用いて精密研削する場合は、その加工の基準となるセンタ穴を高精度に研削する必要があります。**図 5-17** は円筒研削盤に取り付ける工作物（マンドレル）です。その工作物の端面にあるのがセンタ穴です。通常、工作物（鋼材）には熱処理が施され、センタ穴にスケールが付いていたり、変形が生じています。そこでこのセンタ穴をセンタ穴研削盤で、より高精度に研削します。

　図 5-18 にセンタ穴研削盤の例を示します[9]。また、その概要を**図 5-19**に示します。この場合は、工作物の一方のセンタ穴をセンタで支え、もう一方の端を3点支持振れ止めで支えています。そして工作物の心出しをして、60度に成形した研削といしでセンタ穴を研削することにより高精度に仕上げます。

　図 5-20 にセンタ穴研削の構成例を示します。この場合は工作物をチャックに取り付け、そのセンタ穴を成形研削しています。

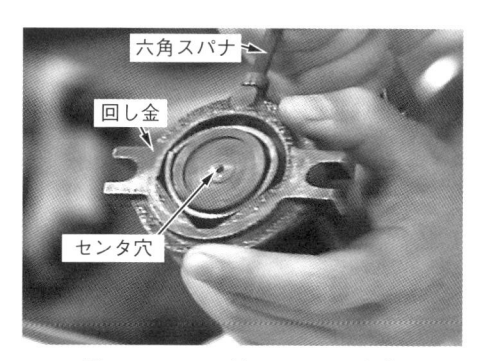

図 5-17　マンドレルのセンタ穴

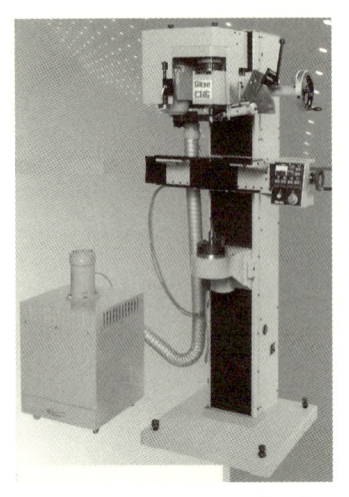

図5-18　センタ穴研削盤の例（技研）

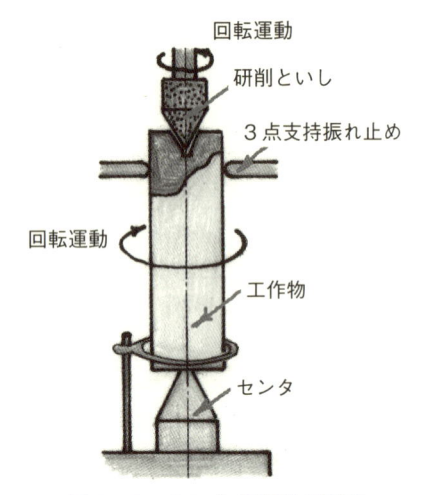

図5-19　センタ穴研削の概要

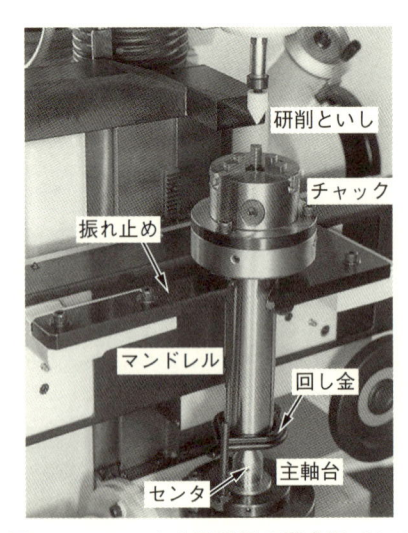

図5-20　センタ穴研削盤の構成例（技研）

第6章

超音波を利用した穴あけ加工

　超音波を利用した穴あけ加工には、超音波加工、超音波研削および超音波切削があります。超音波加工は、超音波振動と遊離砥粒を用いて穴あけ加工するものです。また超音波研削には、といし加振方式と工作物加振方式とがあり、主として硬脆材料の小径深穴加工に適用されています。そして超音波切削による穴あけ加工は難削金属の加工に多く用いられています。ここではこれら超音波を利用した穴あり加工の実際を紹介しています。

6-1 ● 超音波加工による穴あけ

（1） 超音波とは

　人間が聴くことのできる音の範囲は、健康な若い人で、20 Hz 〜 20 kHz と言われています。超音波の定義に関しては多くの説がありますが、ここでは図 6-1 に示すように、人間の可聴周波数を超えた周波数の音波と言うことにします。

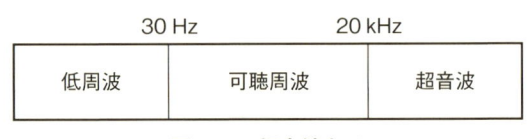

| 低周波 | 可聴周波 | 超音波 |

（30 Hz／20 kHz）

図 6-1　超音波とは

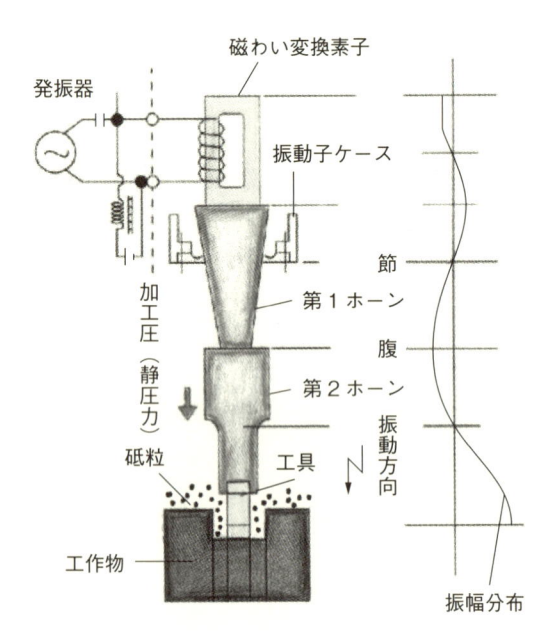

図 6-2　超音波加工とその原理（日本電子工業）

（2） 超音波加工とその原理

超音波加工とは、可聴周波数を超えた音波（20 kHz）を利用した加工方法です。

図 6-2 に超音波加工とその原理を示します[10]。振動子の固有振動数に一致した振動を超音波発振器により発振させ、それをその振動子に付加します。振動子には磁わい振動子と電わい振動子があります。この電気的な振動により、これらの振動子が振動します。通常、超音波加工に用いられる振動周波数範囲は 16 kHz 〜 30 kHz 程度です。

この場合、振動子の振幅はせいぜい数ミクロンなので、これをホーン（動物の角：スイスのアルプホルンなどを参照）により機械的に増幅します。そしてホーンの先端に取り付けた工具に約 30 μm の振動振幅を与えます。また工具と工作物間に砥粒と水などの混合液を供給し、工作物あるいはホーンに定圧送りを与えて加工を行います。

（3） 卓上形超音波加工機による穴あけ

図 6-3 に卓上形超音波加工機の例を示します[10]。この加工機は主に小物部品の穴あけ加工などに用いられています。図 6-4 にセラミック工作物の穴あけ加工例を示します。この方法を用いれば、ガラスやセラミックスなどの硬脆材料に容易に小径の穴あけ加工（図中の一円硬貨と比較）が行えます。

（4） 大形超音波加工機による穴あけ加工

図 6-5 に大形超音波加工機の例を示します[10]。この加工機を用いると、図 6-6 に示すような大きな工具を使用することができます。これらはホーンの先端に各種形状の工具（主に軟鋼製）をロー付けしたもので、その振動数を超音波周波数に一致させています。

この超音波加工においては、工具の周波数マッチングが非常に重要となります。もしも周波数マッチングが悪い場合は、工具先端に十分な振幅が得られません。

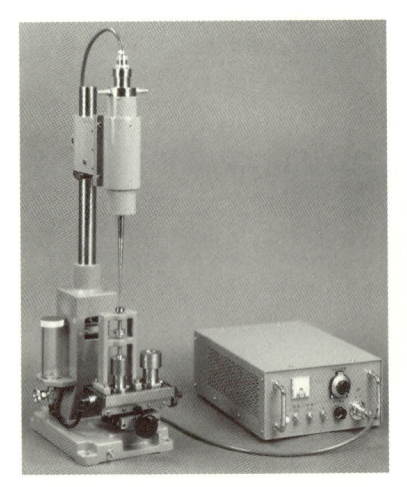

図 6-3　卓上形超音波加工機の例（日本電子工業）

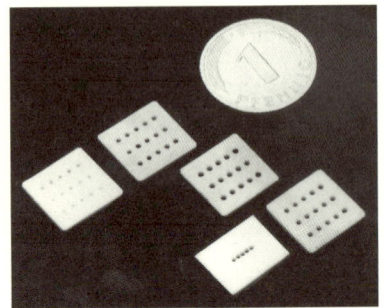

図 6-4　超音波加工によるセラミックスの穴あけ加工例（日本電子工業）

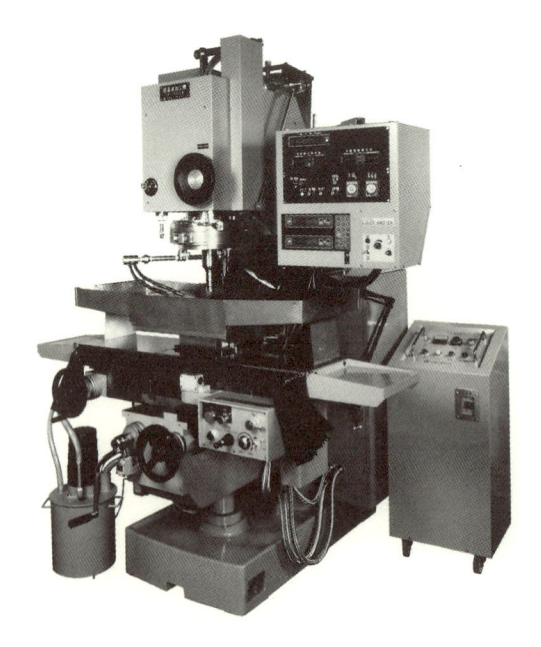

図 6-5　大形超音波加工機の例（日本電子工業）

図6-7および図6-8にこのような工具を用いて超音波加工した工作物の例を示します[10]。通常、超音波加工は、電気を通さない非金属（ガラスやセラミックスなど）の穴あけ加工などに用いられています。

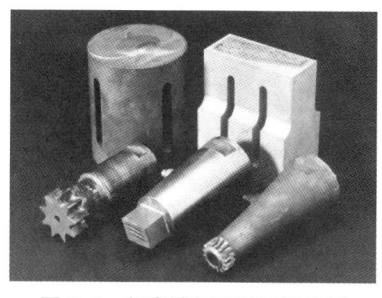

図6-6 超音波加工用工具の例 （日本電子工業）

図6-7 超音波加工したセラミックス工作物の例 （日本電子工業）

図6-8 超音波加工した工作物の例 （日本電子工業）

一口メモ

超音波加工用ホーン

ホーンには、段付きホーン、テーパホーン、およびイクスポーネンシャルホーンがあります。段付きホーンは加工がしやすいので、一般に多く用いられています。

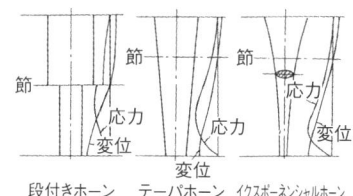

段付きホーン　テーパホーン　イクスポーネンシャルホーン

第6章 ● 超音波を利用した穴あけ加工

6-2 ● 超音波研削による穴あけ加工

（1） 超音波研削の概要と加工機

図6-9に筆者が試作した超音波研削装置を示します。この超音波研削装置は超音波加工機を改造したもので、超音波発信器（20 kHz）、超音波スピンドルおよび定圧送り機構などにより構成されています。**図6-10**にその中核となる超音波スピンドルの構造と名称を示します。このスピンドルは、超音波加工機の振動子とホーンなどをモータで駆動したもので、ホーン先端に取り付けたメタルボンドダイヤモンドホイールに回転運動と軸振動を同時に与えることができます。

図6-11に超音波研削加工機の例を示します。超音波加工の場合は、加工液として遊離砥粒の混合液を用いるので、穴あけ加工後に工作物の洗浄工程が必要とされますが、超音波研削の場合は、その工程が簡略化できるという利点があります。

（2） 超音波コアリング

コアリングとは心残し中ぐり（心取り）とも言われ、心を残して穴あ

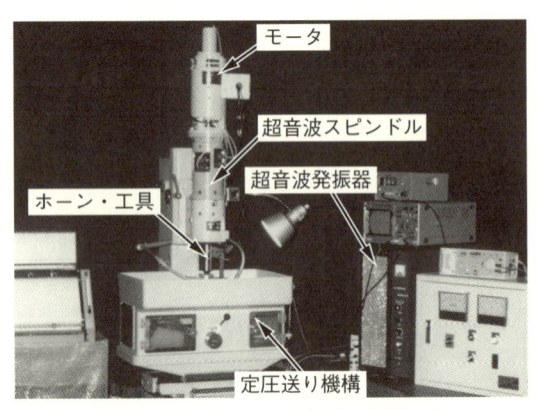

図6-9 試作した超音波研削装置

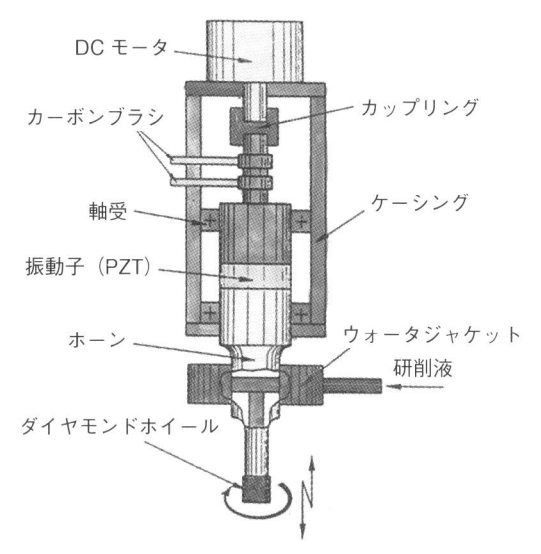

図 6-10　超音波スピンドルの構造と名称

図 6-11　市販された超音波研削盤 (アライドマテリアル)

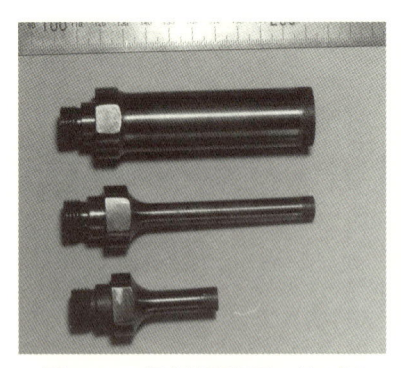

図6-12　超音波研削用工具の例

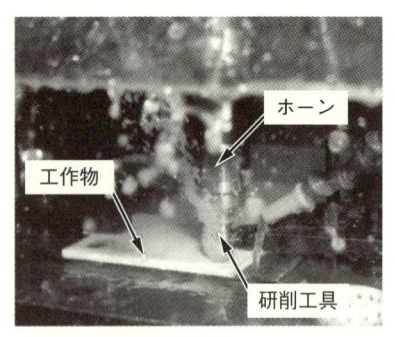

図6-13　超音波研削によるセラミックス工作物のコアリング

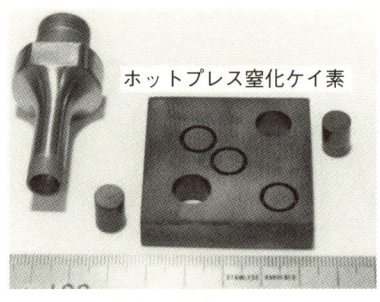

図6-14　窒化ケイ素セラミックスの超音波コアリング

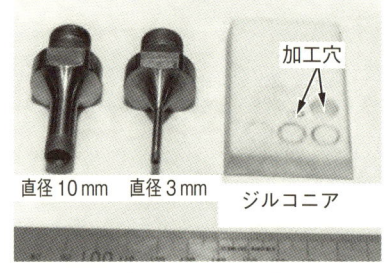

図6-15　ジルコニアセラミックスの超音波コアリング

け加工を行う方法です。**図6-12**に超音波コアリングに用いられる工具を示します。この工具は中空パイプの先端にダイヤモンドホイールが固定されているもので、ホーンの先端にねじ止めされます。これらの工具を超音波研削加工機（図6-11参照）のホーンの先端に取り付け、工作物をコアリングしている様子を**図6-13**に示します。このようにダイヤモンドホイールに回転運動と軸方向の振動を与え、研削液を供給して、セラミックス工作物のコアリングを行います。この場合、加工液は水と遊離砥粒の混合液ではなく、通常のソリューブル研削液（細かい粒子の油が水中に分散したもの）です。

　図6-14にこのような方法でコアリングしたホットプレス（熱を加え

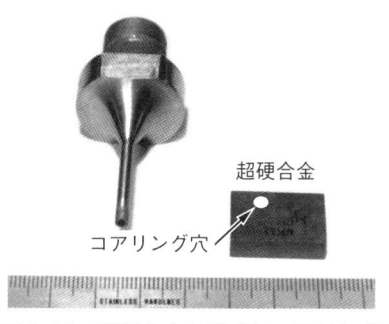

図6-16 超硬合金の超音波コアリング

ながら加圧）窒化ケイ素工作物を示します。

ダイヤモンドホイールの外径は10 mm、内径は8 mmです。このように超音波を付加しながらダイヤモンドホイールでコアリングすると、ホットプレス窒化ケイ素のような非常に硬い工作物の穴あけ加工が容易に行えます。

また図6-15はジルコニアセラミックスのコアリング例です。

この場合には、直径3 mm、内径1 mmのダイヤモンドホイールを用いています。通常、外径が小さくなると、穴あけ加工中に工具が破損しやすくなりますが、超音波を付加すると加工時の研削抵抗が軽減されるので、工具を破損することなくコアリングできます。

図6-16は直径3 mm、内径1 mmのホイールを用いて超硬合金をコアリングした例です。

この場合も、ダイヤモンドホイールを破損することなく、コアリングを行うことができます。ただし、超音波コアリング中に超音波振動が停止すると、このような小径ホイールの場合には、瞬間的に工具が破損することがあります。

（3） 超音波研削による穴あけ加工

超音波研削は、とくにセラミックスやガラスなどの小径の穴あけ加工にその威力を発揮します。

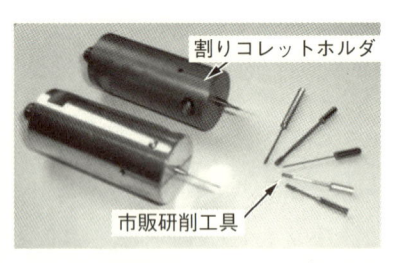

図 6-18 割りコレットホルダと市販研削工具 (岳将)

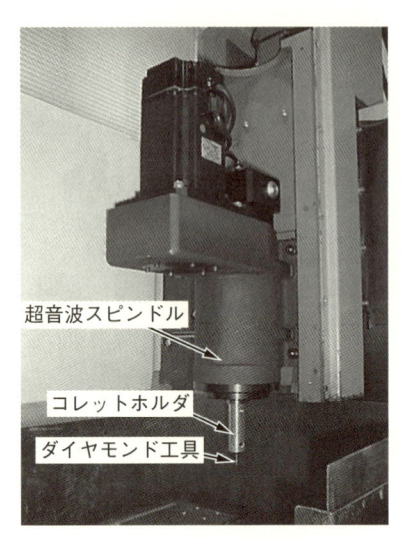

図 6-17 40 kHz 超音波研削盤のスピンドル (岳将)

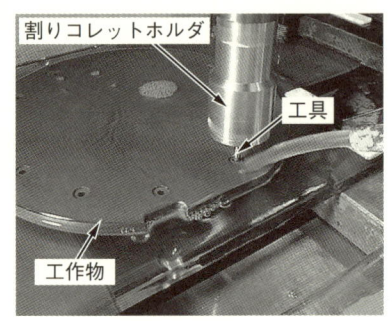

図 6-19 超音波研削による穴あけ加工 (岳将)

　図 6-17 に 40 kHz 超音波研削加工機のスピンドル例を示します[11]。超音波周波数を 20 kHz から 40 kHz にすると、工具の振動振幅は小さくなりますが、装置を小形化することができます。

　超音波研削における問題点の 1 つは、ホーンの先端にダイヤモンドホイールを固定すると、価格が高くなり、工具費が大きくなることです。この不都合を解決したのが割りコレットホルダと市販の研削工具を使用した超音波研削工具 (**図 6-18**) です[11]。このような割りコレットホルダと市販の研削工具を用いれば、専用の工具を必要としないので超音波研削用の工具が安価になり、ランニングコストが低くなります。

　図 6-19 にこのような研削工具を用いてセラミックス工作物に穴あけ加工をしている様子を示します。また**図 6-20** は超音波研削により多数の穴あけ加工をしている例です。このように NC (数値制御) 機能を有

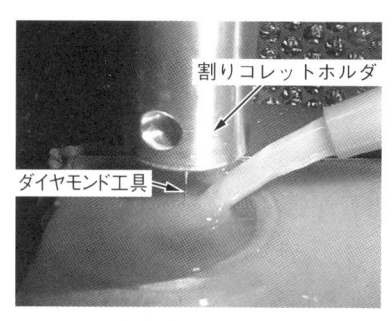

図 6-20 超音波研削によるセラミックス工作物の小径穴あけ加工（岳将）

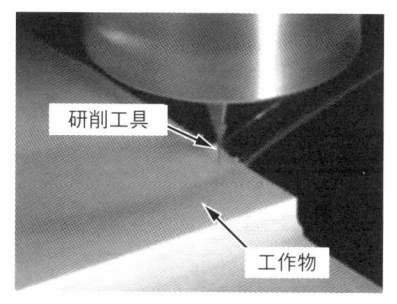

図 6-21 アルミナ工作物の超音波小径穴あけ加工（岳将）

アルミナ：直径 2 mm、深さ 2 mm

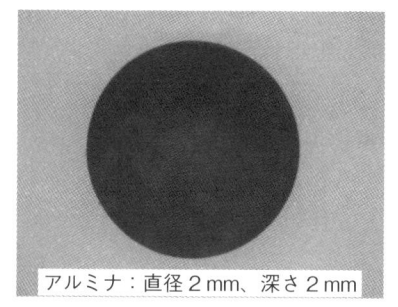

図 6-22 超音波研削加工したアルミナ工作物（岳将）

する超音波研削加工機の場合には、同一直径の穴あけ加工を多数個、連続して行うことができます。

また**図 6-21** にアルミナセラミックス工作物の超音波研削による穴あけ加工の様子を示します。そして穴あけ加工した工作物（直径 2 mm、深さ 2 mm）が**図 6-22** です。このように超音波研削を用いるとチッピングが少なく、また形状精度の高い穴あけ加工が行えるという特長があります。

（4） 超音波研削による小径穴あけ加工

マシニングセンタなどを用いて、セラミックスに直径 0.1 mm 以下の穴あけ加工をしようとすると、研削抵抗により工具が破損する場合が多

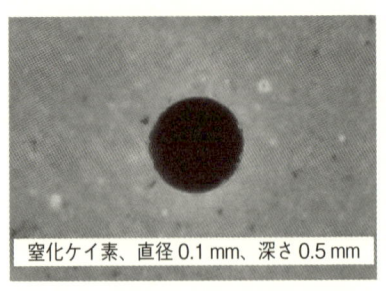

図 6-23 窒化ケイ素工作物の超音波研削小径穴あけ加工（岳将）

窒化ケイ素、直径 0.1 mm、深さ 0.5 mm

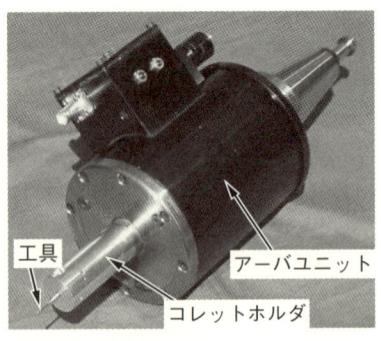

図 6-24 マシニングセンタに装着する超音波アーバユニット（岳将）

工具　アーバユニット　コレットホルダ

く見られます。このような場合に超音波研削を用いると、研削抵抗が軽減されるために、0.1 mm 以下の小径穴でも工具を破損することなく加工ができます。

図 6-23 に窒化ケイ素セラミックス工作物の小径穴あけ加工（直径 0.1 mm、深さ 0.5 mm）例です[11]。この場合のポイントは、研削工具の心出しを高精度に行うこと、研削液を十分に供給すること、そしてステップ送りをすることなどです。また砥粒の分布が均一な高性能研削工具を用いることも大切です。

（5） 工具交換装置付き超音波研削加工機による穴あけ加工

専用の超音波研削加工機の場合は、どうしても価格が高くなるという問題があります。そこで開発されたのがフライス盤やマシニングセンタに装着可能な超音波アーバユニットです（**図 6-24**）[11]。この超音波アーバユニットをフライス盤やマシニングセンタの主軸に取り付ければ、専用の超音波研削加工機と同じ働きをするので便利です。

またガラスやセラミックス工作物で、通し穴、段付き穴、異径穴およびねじ穴などをワンチャックで加工（工作物の着脱により加工精度が低下）したいというニーズが多くあります。このような目的で開発されたのが ATC（自動工具交換装置）付きの超音波切削・研削加工機（40 kHz）

図 6-25 ATC 付き超音波切削・研削機（岳将）

スピンドルヘッド
アーバユニット
コレットホルダ

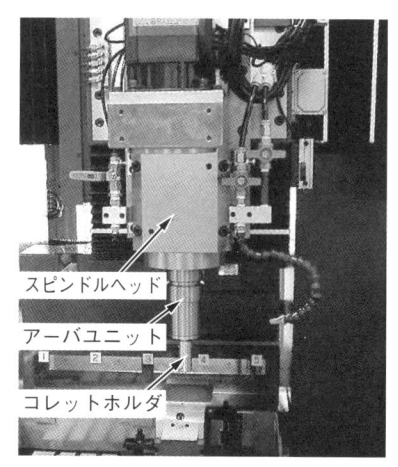

図 6-26 超音波切削・研削機の主要構成（岳将）

です（**図 6-25**）[11]。**図 6-26** にその超音波スピンドルヘッド部分を示します。この基本的構造は前述の超音波研削加工機と同様ですが、ATC（自動工具交換装置）により、アーバユニットが自動的に交換される点が異なります。

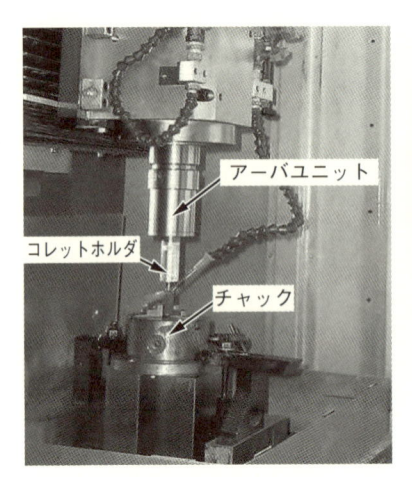

図 6-27 超音波切削・研削機による穴あけ加工例（岳将）

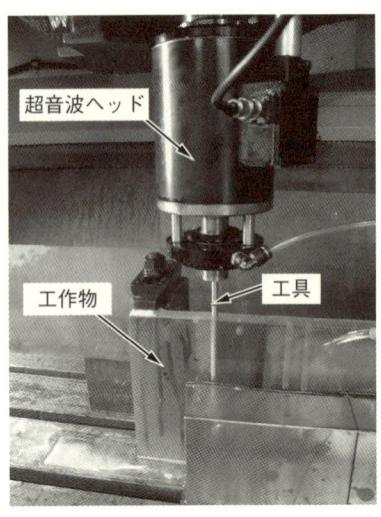

図 6-29 石英ガラスの小径深穴あけ加工（岳将）

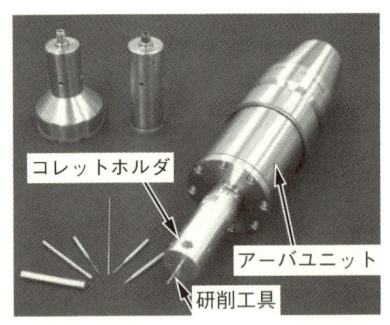

図 6-28 アーバユニット、コレットホルダおよび研削工具（岳将）

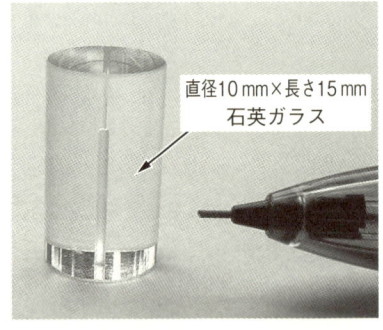

図 6-30 石英ガラスの小径深穴あけ加工（岳将）

　図 6-27 にこの加工機を用いて穴あけ加工している例を示します。この場合は工作物をチャックで保持し、その工作物に穴あけ加工を行っています。また、このアーバユニットには、図 6-28 に示すような市販の研削工具が割りコレットを用いて取り付けられます。そのため工具費が低下し、また通し穴、段付き穴、異径穴およびねじ穴あけ加工などが連続して行われるという利点があります。

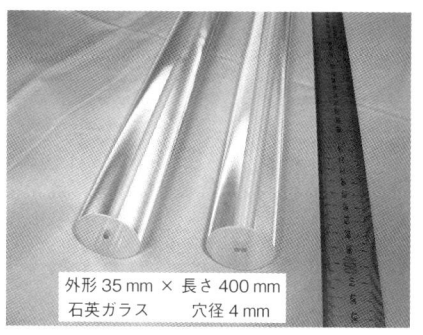

外形 35 mm × 長さ 400 mm
石英ガラス　　穴径 4 mm

図6-31　石英ガラスの小径深穴あけ加工
(岳将)

（6）超音波研削による深穴あけ加工

前述のようにマシニングセンタを用いて小径深穴あけ加工をすると、工具が破損しやすいという不都合がありますが、このような場合に超音波研削を用いれば、深穴あけ加工も可能となります。

図6-29にパイレックス（米国コーニング社の耐熱ガラスで、ホウケイ酸ガラス）の深穴あけ加工の様子を示します[11]。この場合は、厚さ200 mmの工作物に直径6 mm、深さ100 mmの深穴を加工しています。また**図6-30**に石英ガラスに小径深穴あけ加工した工作物を示します。工作物の直径は10 mmで、長さは15 mmです。そして**図6-31**に石英ガラスに直径4 mmの穴を1カ所と2カ所加工した工作物を示します。工作物は外径35 mmで、長さが400 mmです。そのためこの例では、直径4 mmで、長さ400 mmの穴あけ加工をしています。

一口メモ

超音波付加方式（クマクラ）

超音波研削の方式には、振動をといしに付加する場合とテーブルに付加する場合があります。これはテーブル加振方式です。

出典：http://www.mmjp.or.jp/kumakura/sub5_1.html

6-3 ● 超音波切削による穴あけ加工

　超音波切削・研削加工機の割りコレットホルダ（図 6-27 参照）に小径ドリルを取り付ければ、超音波切削による穴あけ加工が可能です（**図 6-32**）。この例は、工作物材質が SUS304 で、工具は超硬ドリル（直径 0.3 mm、長さ 5.5 mm）です。また**図 6-33** に超音波切削による連続穴あけ加工例を示します。工作物は SUS420J2 で、工具は超硬ドリル（直径 1.5 mm、溝長 40 mm、全長 75 mm）です。

　このように超音波切削を用いれば、切削抵抗が軽減され、切削工具を破損せずに、小径穴を能率良く加工することができます。また、超音波切削により穴あけ加工した工作物の入り口と出口のバリの出方を比較したのが**図 6-34** です。超音波切削を用いると小径穴の精度が高く、またバリの出方も小さくなります。

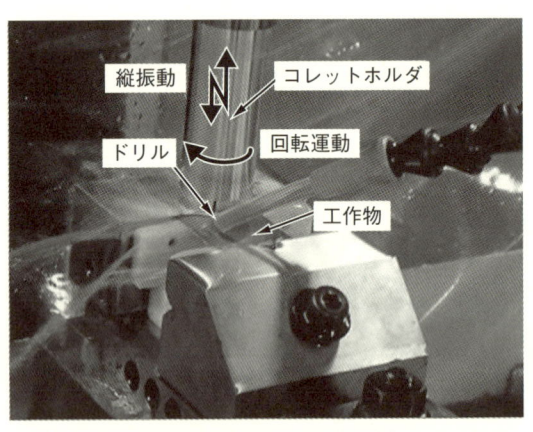

図 6-32　超音波援用小径穴切削（岳将）

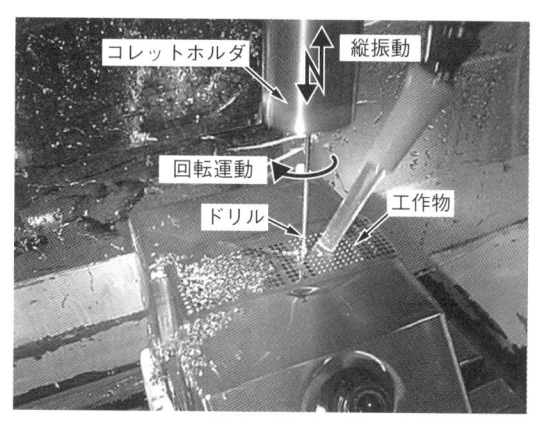

図 6-33　超音波切削による連続穴あけ加工 (岳将)

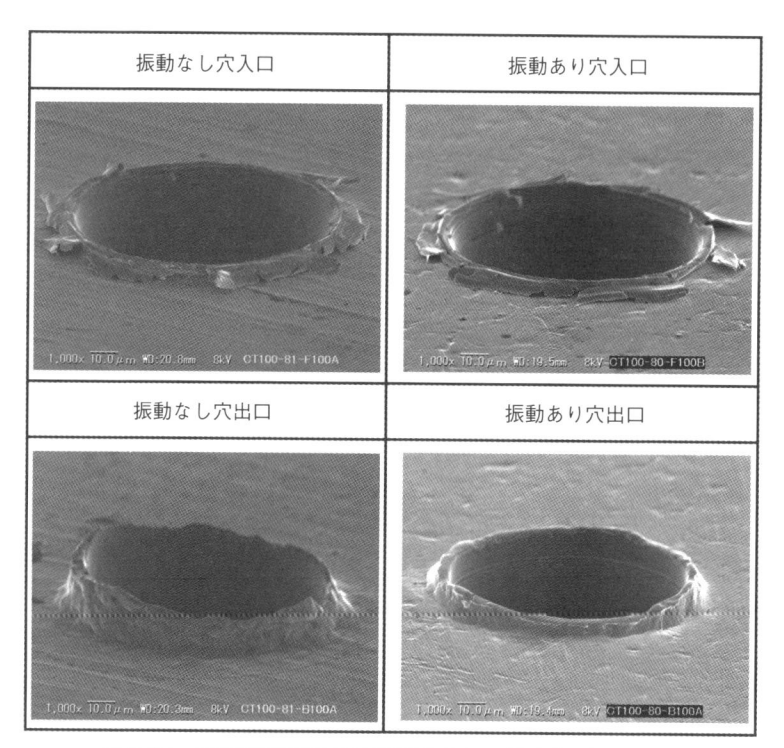

振動なし穴入口	振動あり穴入口
振動なし穴出口	振動あり穴出口

図 6-34　超音波援用穴あけ加工時の加工精度とバリ (鬼鞍)

第6章 ● 超音波を利用した穴あけ加工

6-4 ● 超音波内面研削による穴あけ加工

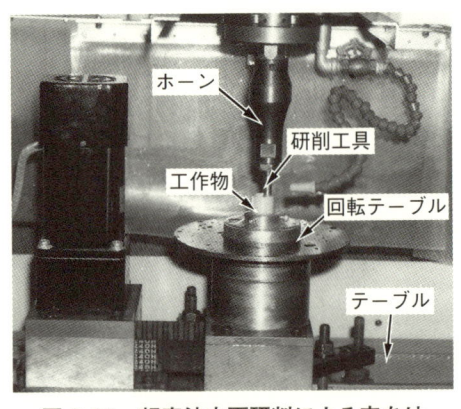

図 6-35 に超音波内面研削による穴あけ加工例を示します。この例の場合は超音波研削加工機（図 6-11 参照）のテーブル上に回転テーブルを設置し、そのテーブルにセラミックス工作物を取り付け、超音波内面研削により穴あけ加工しているところです。**図 6-36** は超音波内面研削により穴あけ加工している様子ですが、ダイヤモンドホイール（研削工具）の縦振動と回転運動、そして工作物の回転運動により、高能率・高精度な穴あけ加工が行われています。

図 6-35　超音波内面研削による穴あけ

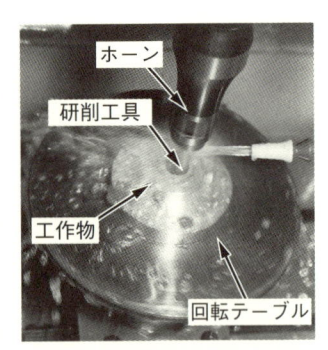

図 6-36　超音波内面研削の様子

---一口メモ---

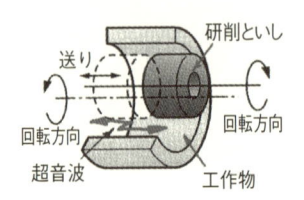

超音波内面研削方式

超音波内面研削方式には、超音波をといしに付加する方式と工作物に付加する方式があります。また、といしと工作物をともに回転する方式とプラネタリ方式のものがあります。

第7章

放電加工による穴あけ加工

　放電加工による穴あけ加工には、形彫り放電加工機を用いる方法とワイヤカット放電加工機を用いる方法とがあります。形彫り放電加工機による穴あけ加工は、主として固定電極で、成形型の加工などに多く適用されています。またワイヤカット放電加工機による方法は、コンタリング方式による穴あけ加工で、抜き型の加工などに多く用いられています。ここではこれら放電加工による穴あけ加工の原理と実例をやさしく説明しています。

7-1 ● 放電現象と放電加工

図7-1に雷のイラストを示します。この雷が放電現象です。通常、空気は絶縁体ですが、電極間にかかる電位差が大きくなると、この絶縁体が破壊されて電流が流れます。この絶縁体が破壊されて電流が流れる現象が放電で、この放電現象を利用した加工方法が放電加工です。

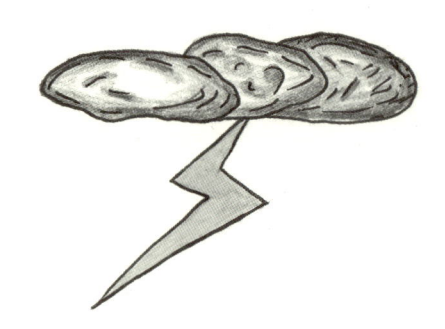

図7-1　放電現象とは

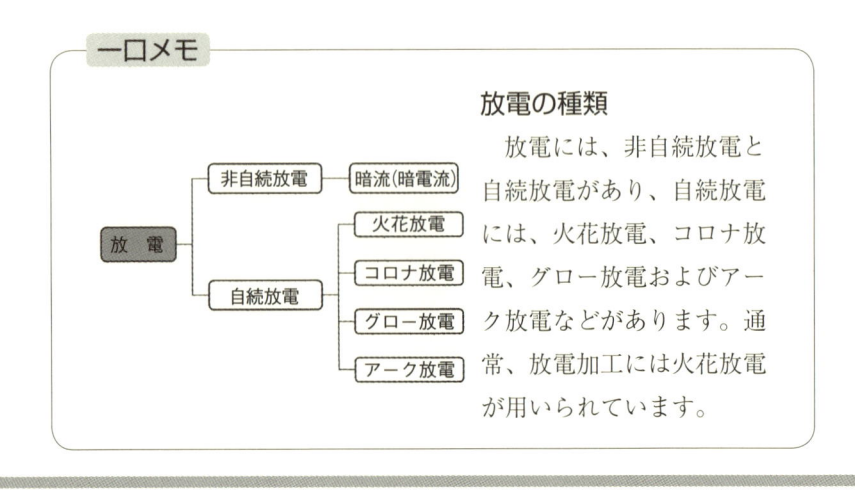

一口メモ

放電の種類

放電には、非自続放電と自続放電があり、自続放電には、火花放電、コロナ放電、グロー放電およびアーク放電などがあります。通常、放電加工には火花放電が用いられています。

放電
- 非自続放電 ─ 暗流(暗電流)
- 自続放電
  - 火花放電
  - コロナ放電
  - グロー放電
  - アーク放電

7-2 ● 放電加工機とその概要

図7-2に放電加工機の例を示します[12]。また図7-3に放電加工機の概要を示します[5]。絶縁体である加工液（石油など）中に、工作物（金属）と電極を一定の隙間を保って配置します。そして工作物と電極間に電気的なエネルギーを与えると放電（通常は火花が観察される火花放電）が発生します。この火花放電を利用し、工作物の表面を少しずつ除去する方法が放電加工です。

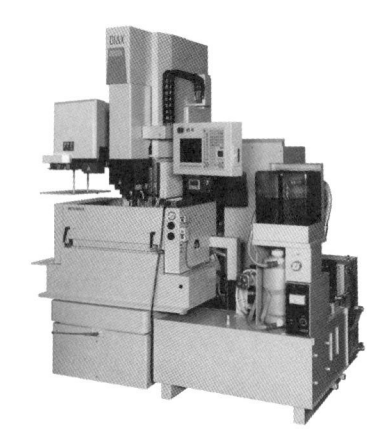

図7-2　放電加工機の例（三菱電機）

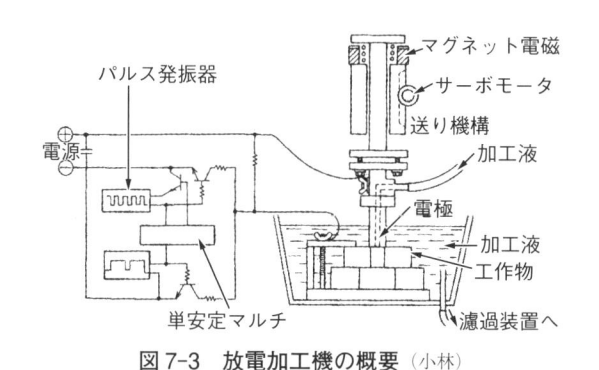

図7-3　放電加工機の概要（小林）

7-3 ● 形彫り放電加工による細穴あけ加工

(1) 穴あけ加工例

図7-4に針状の電極を用いた細穴あけ加工の例を示します。また図7-5に放電加工による細穴あけ加工の様子を示します[13]。加工液中で電極と工作物間に電気的エネルギーを与えると、絶縁が破壊され、火花放電が発生します。そして電気的エネルギーが熱的エネルギーに変換されます。その結果、工作物の温度が上昇し、その融点を超えた部分が除去され、所要の形状に加工されます。

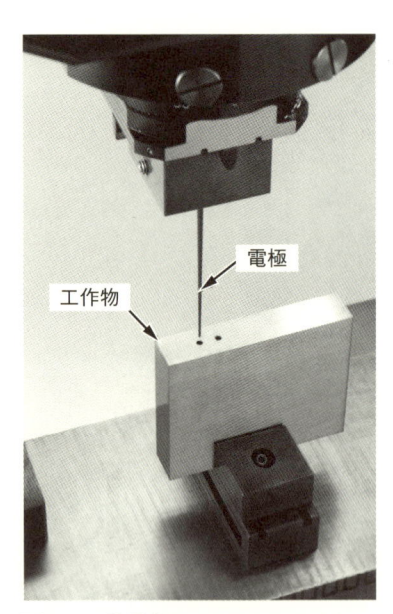

図7-5 放電穴あけ加工の様子
(牧野フライス製作所)

図7-4 放電加工 (牧野フライス製作所)

─ 一口メモ ─

電極の心出し

細穴あけ加工では、電極の心出しがポイントです。

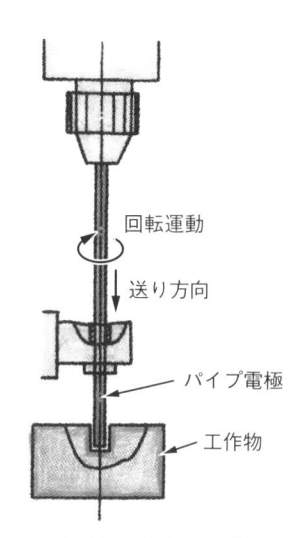

SKD-11(焼入鋼)　材料厚さ：60 mm
電極：黄銅φ0.5 mm、φ1.5 mm

図7-7　パンチ空気穴あけ加工例
(日本放電技術)

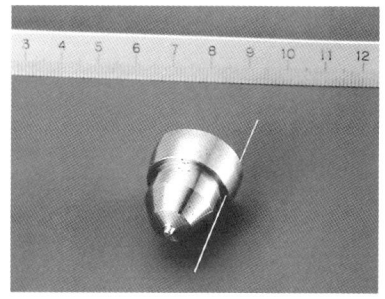

図7-6　放電穴あけ加工の概要(松岡)

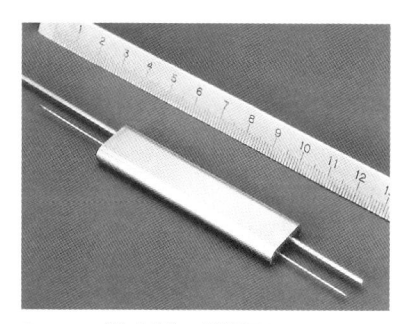

SKD-61　材料厚さ：15 mm
電極：黄銅φ0.3 mm

図7-8　ノズル穴あけ加工(日本放電技術)

　このような放電加工による細穴あけ加工の場合には、**図7-6**に示すように、パイプ状の電極先端をガイドで受けると精度の高い加工が行えます[3]。この場合、電極と工作物の間隙は常に一定に保たれます。

　また、放電加工を用いると、金属などの導電性工作物に小径深穴あけ加工が容易に行えます[14]。

　図7-7にパンチ空気穴の加工例を示します。工作物はSKD-11(焼入鋼)、材料厚さ60 mmで、電極は黄銅で、直径が0.5 mmと1.5 mmです。この場合の加工時間は3分30秒と2分30秒です。

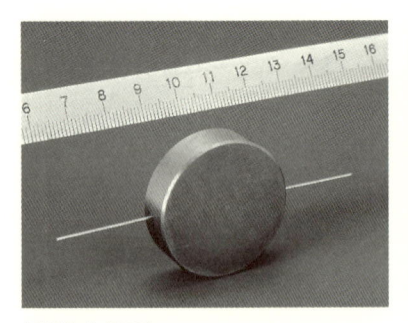

超硬合金（WC）
材料厚さ：35 mm　電極：銅φ0.7 mm
図7-9　超硬合金穴あけ加工例
（日本放電技術）

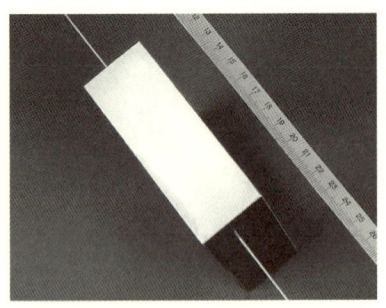

SKD-11（焼入鋼）　材料厚さ：100 mm
電極：黄銅φ1.0 mm
**図7-10　ワイヤーカット初期穴あけ
　　　　　加工例**（日本放電技術）

　また、**図7-8**はノズル穴の加工で、材料厚さが15 mmで、電極は黄銅、直径0.3 mmです。このときの加工時間は3分です。

　図7-9に超硬合金に細穴を加工した例を示します。材料厚さは35 mmで、電極は銅、直径0.7 mmです。このときの加工時間は4分30秒です。そして**図7-10**はワイヤーカットの初期穴あけ加工例です。

　工作物はSKD-11（焼入鋼）で、材料厚さは100 mmです。電極は黄銅で、直径1 mmです。このときの加工時間は2分40秒です。

　これらの例のように、放電加工を用いれば、細穴あけ加工が高速で行えるという利点があります。

（2）穴精度

　図7-11に細穴放電加工の様子を示します[12]。この場合は電極をセラミックスガイドで受けています。この放電加工機と直径0.07 mmのタングステンロッド電極（**図7-12**）を用いて、厚さ0.8 mmの鋼材に穴あけ加工したときの穴精度を**図7-13**に示します。そして直径0.08 mmのドリル（図7-12参照）で加工した穴精度と比較しています。このように放電加工を用いれば、バリ（工作物角部に発生する突起、かえり）の発生が少ない穴あけ加工が高速で行えます。

第7章 ● 放電加工による穴あけ加工

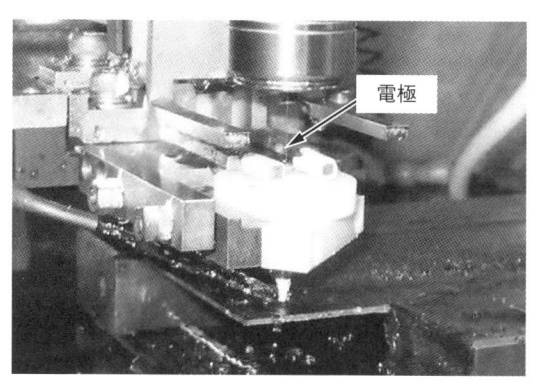

図 7-11　細穴放電加工の様子（三菱電機）

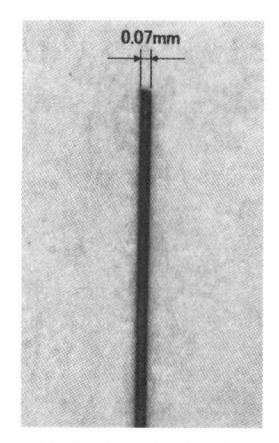

放電加工用タングステン
ロッド電極
（直径 0.07 mm）

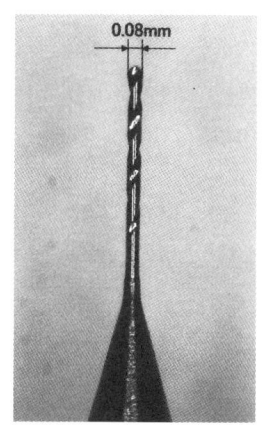

機械加工用ドリル
（直径 0.08 mm）

図 7-12　工具の比較（三菱電機）

---一口メモ---

電極材

電極材としては、銅-タングステン合金、銀-タングステン合金、銅、黄銅、グラファイト、銅-グラファイト、アルミニウム、および鋼などがあり、用途に応じて使用されます。

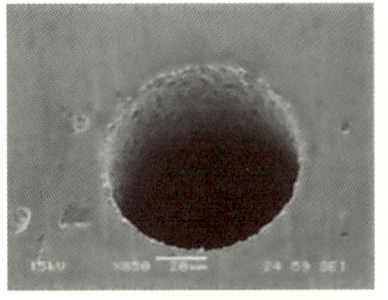

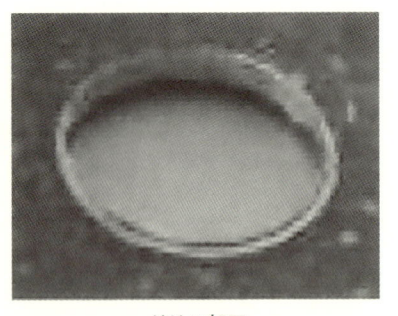

放電加工　　　　　　　　　　　ドリル加工

図 7-13　バリの比較（三菱電機）

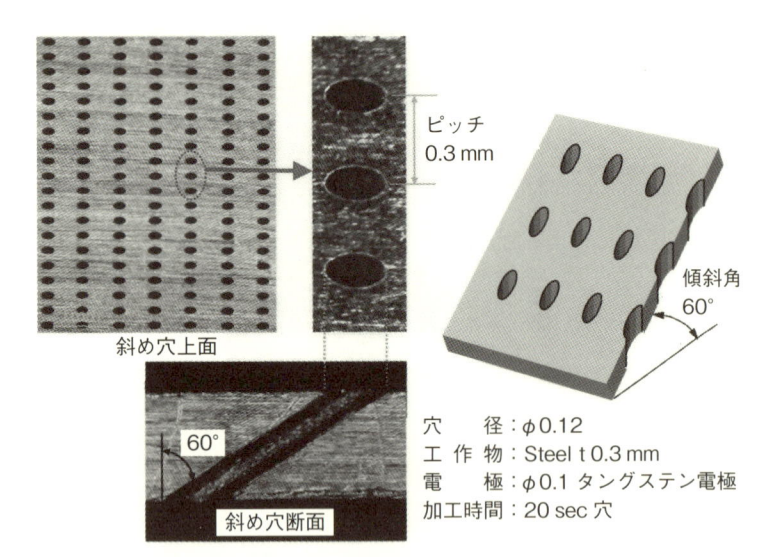

ピッチ 0.3 mm

斜め穴上面

60°

斜め穴断面

傾斜角 60°

穴　　径：φ0.12
工 作 物：Steel t 0.3 mm
電　　極：φ0.1 タングステン電極
加工時間：20 sec 穴

図 7-14　斜め穴あけ加工例（三菱電機）

（3）　斜め穴あけ加工

　放電加工を用いれば、工作物の斜め穴あけ加工が容易に行えます。**図 7-14** に斜め穴あけ加工例を示します[12]。工作物は鋼材で、厚さが 0.3 mm です。そして直径 0.1 mm のタングステン電極を用いて、直径 0.12 mm の斜め穴を加工しています。このときの加工時間は穴当たり 20 秒です。

図 7-15　放電細穴あけ加工の様子（ソディック）

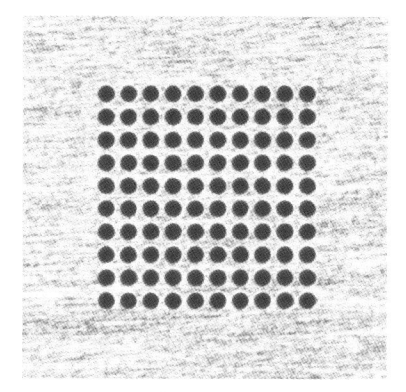

SUS403
穴径：0.07 mm、加工時間：1 穴 31 秒
図 7-16　細穴放電見本（ソディック）

（4）　微細穴あけ加工

図 7-15 に放電細穴あけ加工の様子を示します[15]。また図 7-16 がこのような方法で加工した工作物です。工作物はステンレス鋼（SUS403）で、穴径は 0.07 mm です。そして 1 穴当たりの加工時間は 31 秒です。また図 7-17 は微細穴の加工例で、工作物（SKD11、板厚 0.2 mm）に直径 0.03 mm の微細穴を加工しています。この場合の加工時間は 1 穴当たり 30 秒です。

図 7-18 はステンレス鋼の連続微細穴あけ加工例です[12]。穴径は

ピッチ：0.1mm

0.1mm

38 μm

工作物：SKD11
板厚：0.2 mm
電極径：0.03 mm
加工液：純水
加工時間：約30秒/個
穴径：入口：38 μm
　　　出口：40 μm

図7-17　微細穴あけ加工例（三菱電機）

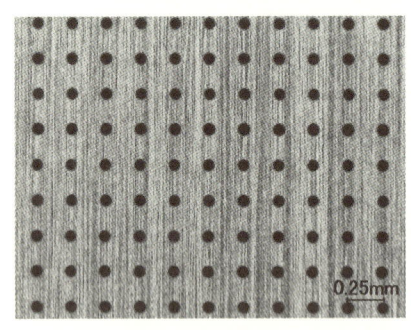

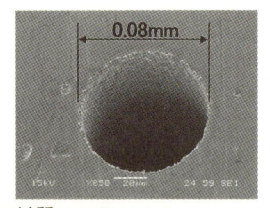

0.08mm

0.25mm

材質：ステンレス
穴径：0.08 mm
穴深さ：0.8 mm
加工時間：25秒/穴

図7-18　平板への連続穴あけ加工（三菱電機）

0.08 mm で、穴深さは 0.8 mm、そして加工時間は 1 穴当たり 25 秒です。そして**図7-19**は同様に、ステンレス鋼に、直径 0.2 mm の銅電極を用いて、板厚 0.3 mm に細穴あけ加工をしたものです。このときの加工速度は 1 穴当たり 30 秒です[14]。このように放電加工を用いれば、切削加工のしにくい SKD11 やステンレス鋼などの微細穴あけ加工が容易に、しかも高速に行えます。

工作物：SUS304　板厚：0.3 mm
電極：銅φ0.2 mm　加工時間：30 秒/穴

図7-19　放電加工見本（日本放電技術）

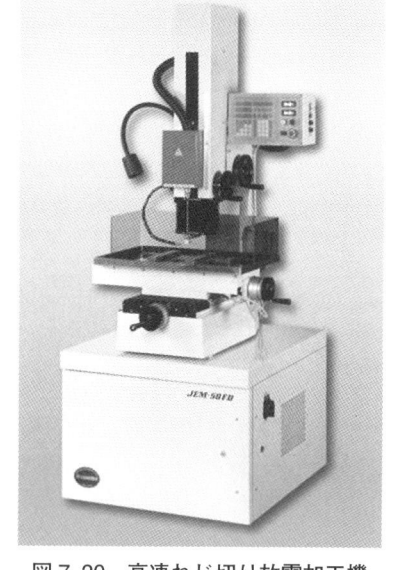

図7-20　高速ねじ切り放電加工機
（日本放電技術）

図7-21　パンチねじ穴加工例
（日本放電技術）

（5）　ねじ穴あけ加工

図7-20に高速ねじ切り放電加工機の例を示します[14]。そしてこの加工機を用いてねじ穴を加工した例が**図7-21**です。この例はパンチのねじ穴あけ加工で、工作物材質はSKD-11（焼入鋼）で、加工深さは15 mm、電極はM5（ねじ）です。このときの加工時間は7分30秒です。このように放電加工を用いれば、難削材の工作物にねじ穴を容易に加工できます。

7-4 ● ワイヤカット放電加工機による穴あけ加工

（1） ワイヤカット放電加工機の構成

図 7-22 にワイヤカット放電加工機の構成を示します。ワイヤカット放電加工は、細いワイヤを電極（加工工具）として、そのワイヤにテンション（引張力）を掛けた状態で、電極と工作物の間に放電を発生させ、またテーブルを X と Y 方向に制御することにより、所要の形状に加工を行うものです。

（2） ワイヤ放電加工機による穴あけ加工

図 7-23 にワイヤカット放電加工機による穴あけ加工の概要を示します[3]。この方法はワイヤ電極と工作物間に放電を発生させ、そしてテーブルを円状に座標制御することにより、所要の穴あけ加工を行うものです。図 7-24 にワイヤ放電加工により穴あけ加工をしている様子を示します[13]。このような方法で穴あけ加工した工作物を図 7-25 に示します。

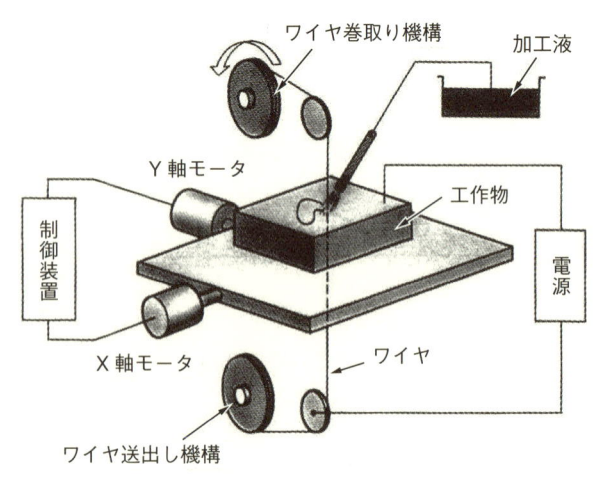

図 7-22　ワイヤカット放電加工機の構成例（実教出版）

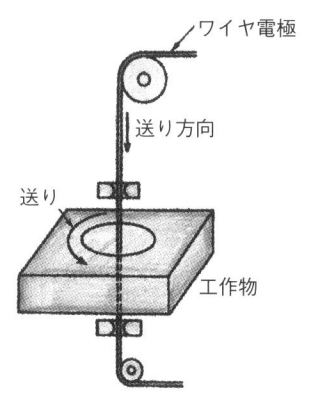

図 7-23 ワイヤカット放電加工の概要（松岡）

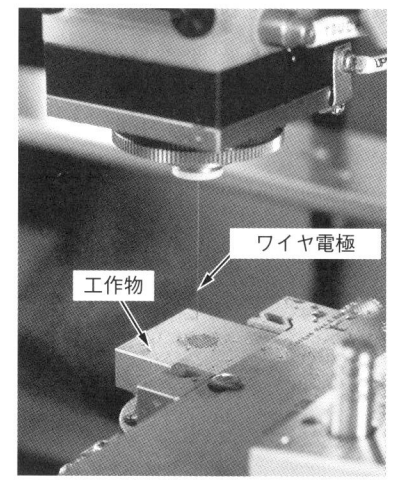

図 7-24 ワイヤカット放電加工（牧野フライス製作所）

図 7-25 ワイヤカット放電加工見本（牧野フライス製作所）

第 7 章 ● 放電加工による穴あけ加工

---ロメモ

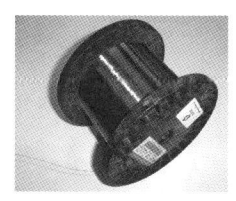

電極線

電極線はワイヤ放電加工機で使用される電極ワイヤで通常、黄銅でできています。

工作物の材質や形状により、直径0.1mm〜0.3mmのワイヤが使用されています。

（3） 穴あけ加工見本

図7-26、図7-27および図7-28にステンレス鋼の各種形状の穴あけ加工見本を示します[16]。このようなワイヤカット放電加工を用いれば、切削時に加工硬化しやすいステンレス鋼などの穴あけ加工が容易に行えます。

図7-26　ワイヤカット放電加工見本
（藤沢精工）

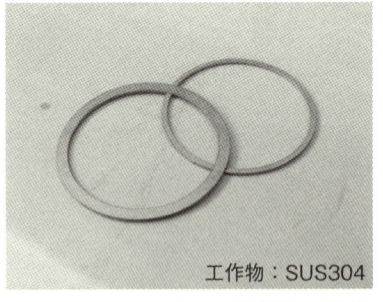

図7-27　ワイヤカット放電加工見本
（藤沢精工）

図7-28　ワイヤカット放電加工見本
（藤沢精工）

第8章

レーザによる穴あけ加工

　レーザ加工は、波長が一定なレーザ光を集光し、工作物の融点以上に温度を上昇させることにより、加工を行うものです。ここでは、このようなレーザ加工の原理をやさしく説明しています。またレーザ光には炭酸ガス（CO_2）、YAG、およびエキシマレーザなどがあり、それぞれ波長が異なります。そのため、これらのレーザ光を用いた穴あけ加工にはそれぞれ特徴があります。ここでは、これらの特徴を実例に基づき解説しています。

8-1 ● レーザ加工とは

　レーザ加工とはレーザ光を利用した加工方法です。**図 8-1** に虫眼鏡を用いた加工方法のイラストを示します。紙をクレヨンなどで黒く塗り、虫眼鏡で太陽光線を集め、その紙の上に焦点を結ぶと発火します。レーザ加工の原理はこれと同じで、異なるのは太陽光の代わりにレーザ（自然界には存在しない人工的に作り出した光で、単一波長を持つ単色光）を用いることです。

　またレーザには**表 8-1** に示すように多くの種類があります。固体レーザ、半導体レーザ、液体レーザおよび気体レーザです。そしてレーザを用いた穴あけ加工には、固体レーザや気体レーザが主に用いられています。

　図 8-2 にレーザ加工機の構成例を示します[17]。レーザ加工機は、通常、レーザ発振器、加工機本体および加工ヘッドより構成されています。また、**図 8-3** にその概要を示します[3]。レーザ発信器でレーザビームを発生し、そのビームをミラーや集光レンズによって、工作物表面近傍に焦点を結ばせます。そのため工作物表面は高温に熱せられ、温度がその融点あるいは沸点に達して相変化が起こります。

図 8-1　虫眼鏡とレーザ加工

表 8-1 レーザの分類

種類	例	波長〔μm〕	発振形式	出力〔W/J〕	効率〔%〕	用途例
固体レーザ	ルビー	0.69	P	~20 J	~1	穴あけ
	ガラス	1.06	P	~90 J	~4	穴あけ、核融合
	YAG	1.06	P/CW	CW~1 kW、P~150 J	~3	穴あけ、切断、溶接
半導体レーザ	GaAs、InGaAsPなど	0.6~1.6	P/CW	CW~50 mW	~100	通信、計測、情報処理
液体レーザ	色素レーザなど	0.4~0.7	P	~100 J	~0.3	分光、研究
気体レーザ	He-Ne	0.63	CW	~1 mW	~1	計測、ディスプレイなど
	Ar	0.51	CW	~25 W	~0.1	穴あけ、計測
	エキシマ	0.15~0.35	P	~900 mJ	~15	化学、医学、加工、その他多数
	CO_2	10.6	P/CW	CW~40 kW	~20	穴あけ、切断、溶接、熱処理

出典：http://www.jlps.gr.jp/information/atoz/001/atoz1.htm

第8章 ● レーザによる穴あけ加工

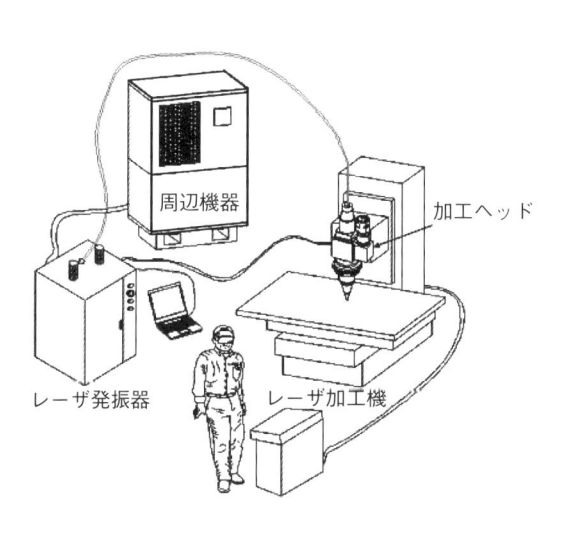

図 8-2 レーザ加工機の構成例（レーザックス）

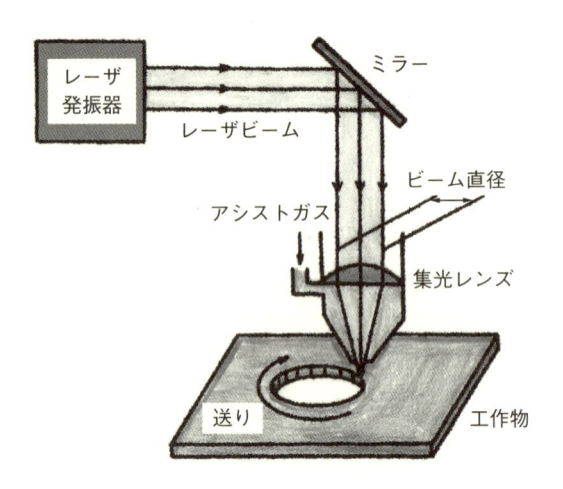

図8-3 レーザ穴あけ加工の概要 (松岡)

　レーザ加工はこのような現象を利用したものです。そしてレーザ加工を用いて穴あけ加工する場合は、工作物表面に熱エネルギーを集中するとともに、テーブルの送りを制御（座標）し、円運動を行わせます。このような方法で板状の工作物から円盤を切り取ることができます。

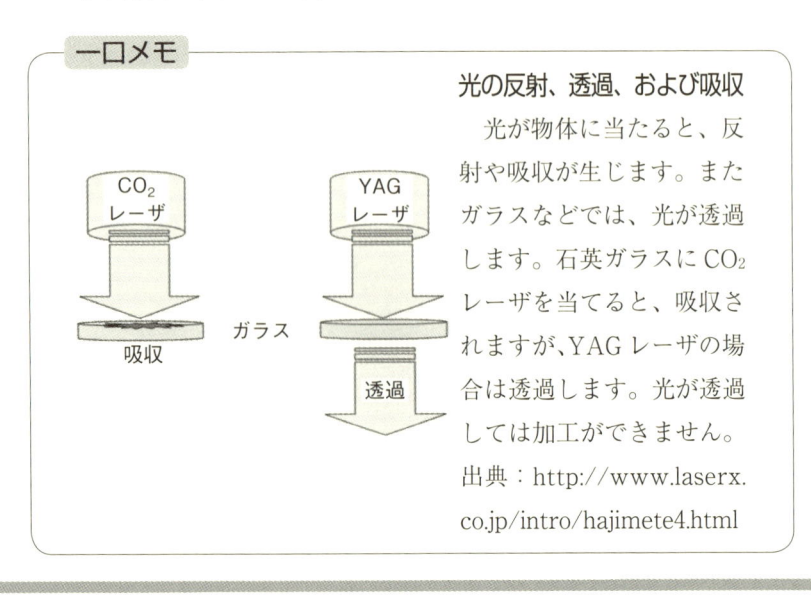

> **一口メモ**
>
> **光の反射、透過、および吸収**
>
> 　光が物体に当たると、反射や吸収が生じます。またガラスなどでは、光が透過します。石英ガラスにCO_2レーザを当てると、吸収されますが、YAGレーザの場合は透過します。光が透過しては加工ができません。
>
> 出典：http://www.laserx.co.jp/intro/hajimete4.html

8-2 ● CO_2 レーザによる穴あけ加工

(1) CO_2 レーザ加工機

図8-4にCO_2レーザ加工機の例を示します[18]。またこの加工機を利用して穴あけ加工をしている例を**図8-5**と**図8-6**に示します。図8-5はパイプ状の工作物に穴を加工している例で、また図8-6は大きな板状工作物に多数の穴を連続して加工している例です。このようにレーザ加工を用いれば、穴あけ加工を非常に高速に行うことができます。

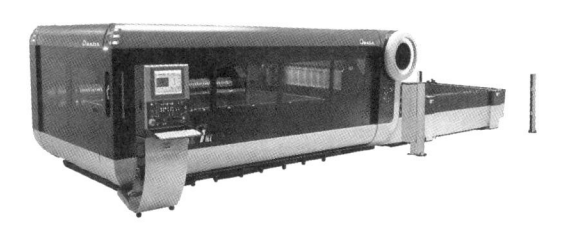

図8-4　レーザ加工機の例 (アマダ)

図8-5　レーザ加工の例 (アマダ)

図 8-6 レーザ加工の例（アマダ）

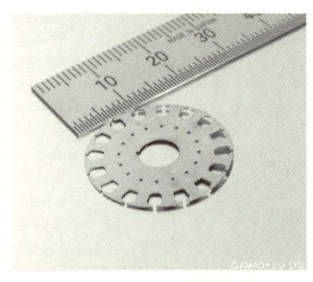

図 8-7 レーザ加工見本（アマダ）

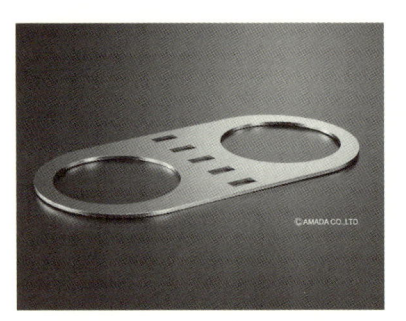

図 8-8 加工見本（アマダ）

石英ガラス t＝3mm
図 8-9 CO_2 レーザによるガラス穴あけ加工（レーザックス）

（2） CO_2 レーザ穴あけ加工例

図 8-7 および図 8-8 にレーザ加工見本を示します[18]。このように CO_2 レーザとテーブルの NC 制御を用いれば、複雑形状の穴あけ加工が容易に行えます。また CO_2 レーザ加工は、金属のみならず、ガラスのような非金属の加工にも適用できます。図 8-9 に石英ガラスに穴あけ加工した例を示します[17]。このように CO_2 レーザ加工を用いれば、ガラスやセラミックスのような硬脆材料の穴あけ加工も可能です。

（3） CO_2 レーザによる微細穴あけ加工

最近は電子機器などに用いられるプリント基板（図 8-10 参照：抵抗器、コンデンサ、トランジスタおよび IC などの電子部品を固定し、そ

図 8-10 レーザ穴あけ加工の応用
（三菱電機）

図 8-11 レーザ加工の様子
（三菱電機）

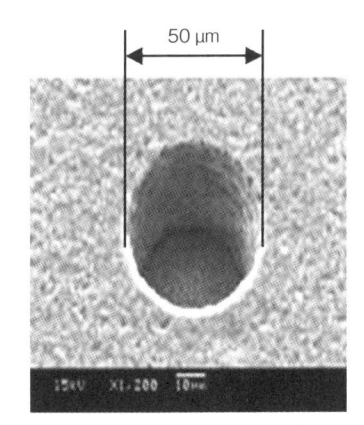

図 8-12 レーザ穴あけ加工の精度（三菱電機）

の部品間をリード線で接続することで電子回路を構成するための板状の部品）の穴あけ加工がレーザにより行われています。**図 8-11** にプリント基板を CO_2 レーザ加工している様子を示します[19]。また**図 8-12** はレーザ加工した穴の精度を示します。この場合は、直径 50 μm で、テーパ状に穴あけ加工されています。このように、レーザ加工を用いれば、微小穴の加工も可能です。

8-3 ● ファイバレーザによる穴あけ加工

(1) ファイバレーザとは

図8-13にファイバレーザの概念図を示します[6]。ファイバレーザは、ファイバ内でレーザ光を励起・増幅し、パルス発振させたもので、信頼性、効率および冷却性などの点で優れた特性を持っています。

(2) ファイバレーザによる穴あけ加工

図8-14にファイバレーザを用いて加工している例を示します[17]。ファイバレーザの場合は、ファイバ導光で、出力を直接、工作物の近傍まで

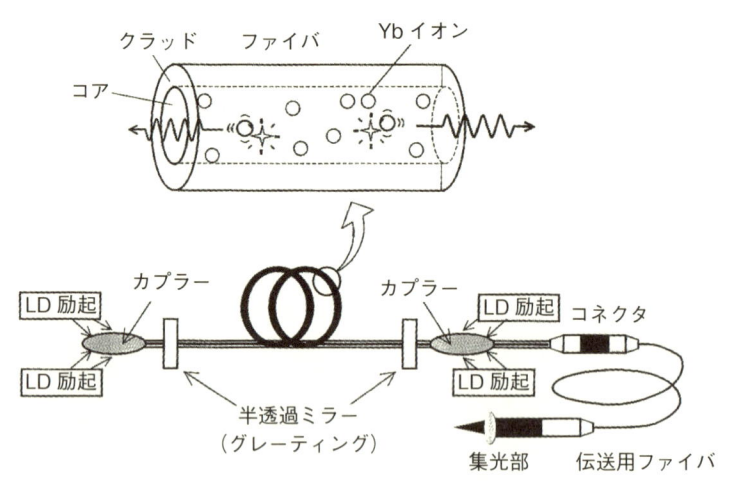

図8-13 ファイバレーザの概念図 (新井)

一口メモ

レーザとは

LASER（レーザ）とは、Light（光）Amplification（増幅）by Stimulated（誘導）Emission（放出）of Radiation（放射）の略で、誘導放出による光の増幅の意です。

図 8-14　ファイバレーザ加工（レーザックス）

アルミニウム　t = 1.0 mm
図 8-15　アルミパイプ穴あけ加工（レーザックス）

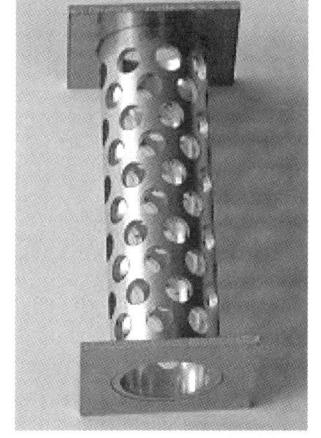

SUS304
図 8-16　円筒物の穴あけ加工（レーザックス）

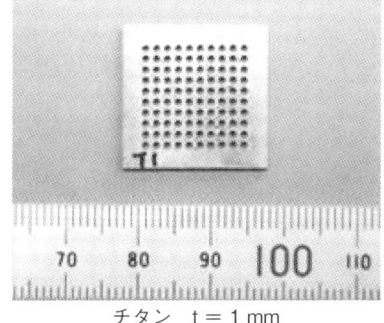

チタン　t = 1 mm
図 8-17　穴あけ加工例（レーザックス）

伝送することができるという利点があります。このファイバレーザを用いてアルミニウムおよびステンレス鋼製のパイプに穴あけ加工した例を図 8-15 および図 8-16 に示します。このようにファイバレーザを用いれば、パイプ状の工作物に穴あけ加工を容易に行うことができます。また図 8-17 に厚さ 1 mm のチタン板に小径穴を多数個加工した例を示します。このようにファイバレーザの場合は、集光径を小さく、また焦点深度を深くできることが特長です。

8-4 ● YAG レーザによる穴あけ加工

（1） YAG レーザとは

　YAG レーザは YAG 結晶（イットリウム・アルミニウム・ガーネット）を励起することにより得られたレーザ光で、波長は 1,064 nm です。この YAG レーザは微小領域に集光でき、非常に高いエネルギー密度が得られるという特長があります。

（2） YAG レーザによる穴あけ加工

　図 8-18 にアルミニウム製工作物（厚さ 6 mm）に斜め穴を加工した例を示します[17]。この穴にステンレスの針金を通すと、図 8-19 のようになり、斜め穴が高精度に加工できていることが分かります。

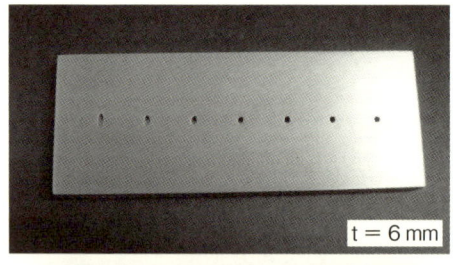

図 8-18　アルミニウム穴あけ加工（レーザックス）

図 8-19　アルミ斜穴あけ加工（レーザックス）

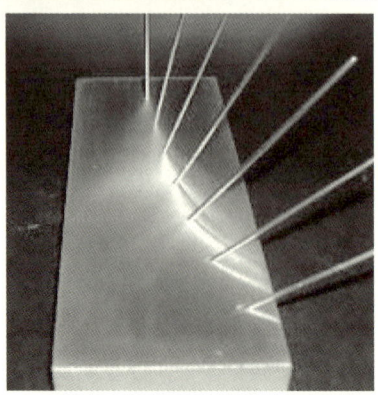

アルミニウム　t＝6 mm　YAG レーザ

また**図8-20**に直径1.5 mmのステンレス製パイプに直径0.05 mmの小径穴を多数個加工した例を示します。このようにYAGレーザを用いると、工作物を変形することなく、微細な穴あけ加工を容易に行うことができます。

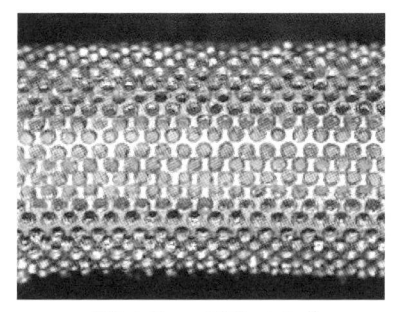

直径 1.5 mm SUS パイプ
直径 0.05 mm 穴あけ加工

図 8-20　YAG レーザによる微細穴あけ加工

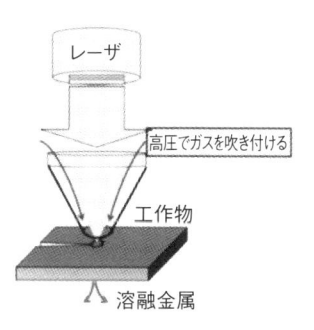

一口メモ

レーザ穴あけ加工

　レーザビームを集光し、工作物温度をその融点まで上昇させます。そして溶融金属を高圧のガスで吹き飛ばします。テーブルをＸＹ制御することにより、コンタリングによる穴あけ加工もできます。

出典：http://www.laserx.co.jp/intoro/hajimete3.html

8-5 ● エキシマレーザによる加工

　エキシマレーザは希ガス（ヘリウムやネオンなど、大気中に存在する量が非常に少ない元素）やハロゲン（フッ素や塩素などの元素）などの混合ガスを用いて発生させたレーザ光で、ポリマー（高分子、重合体）やシリコンなどの高分子材料の精密加工に適用されています。

　図 8-21 にエキシマレーザ加工機の例を示します[17]。また**図 8-22** にこのエキシマレーザ加工機を用いて穴あけ加工した例を示します。工作物は厚さ 50 μm のポリイミド樹脂で、直径 50 μm の穴が 0.5 mm ピッチで加工されています。このエキシマレーザ加工機は半導体やエレクトロニクス分野で多く用いられています。

図 8-21　エキシマレーザ加工機の例（レーザックス）

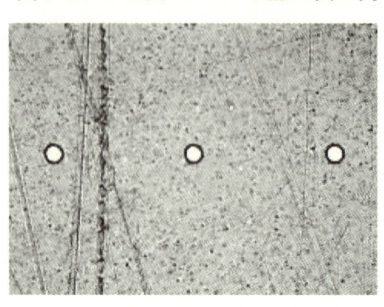

エキシマレーザ
φ50 μm　ピッチ 0.5 mm
ポリイミド　t = 50 μm

図 8-22　ポリイミド加工（レーザックス）

第9章

ウォータジェットによる穴あけ加工

　水を高圧で吹き出すと、紙などに穴をあけることができます。この原理を応用したのがウォータジェット加工です。この方法には、水だけを用いる方法（ウォータジェット）と水に砥粒を混合した液を用いる方法（アブレーシブジェット）とがあります。これらの方法は硬脆材料の加工とともに、加熱によって変質しやすいゴム、スポンジおよび紙などの材料にも多く適用されています。ここではその原理と実例をやさしく解説しています。

9-1 ● ウォータジェット加工とは

　図 9-1 に水鉄砲のイラストを示します。水を高圧で吹き出すと、水柱が紙に穴をあけます。このような方法は高圧ジェットによる洗車など、日常生活でもよく見受けられます。

　穴あけ加工などの切断に用いられるウォータジェット加工には、図 9-2 に示すように超高圧水のみを噴射する方法と、超高圧水に加えて砥粒を噴射する方法とがあります[20]。ここでは前者をアクアジェット加工、後者をアブレーシブジェット加工と呼ぶことにします。

　超高圧水のみを噴射する方法は、ウレタンゴム、段ボール、紙パッキンおよびフロアシートなどの加工に用いられています。また超高圧水に加えて砥粒を噴射する方法はアルミニウムやチタンなどの特殊金属、樹脂やゴムなどの熱影響を受けやすい材料、ガラスや石材などの硬脆材料およびCFRP（炭素繊維強化プラスチック）やGFRP（ガラス繊維強化プラスチック）などの複合材料の加工に使用されています。

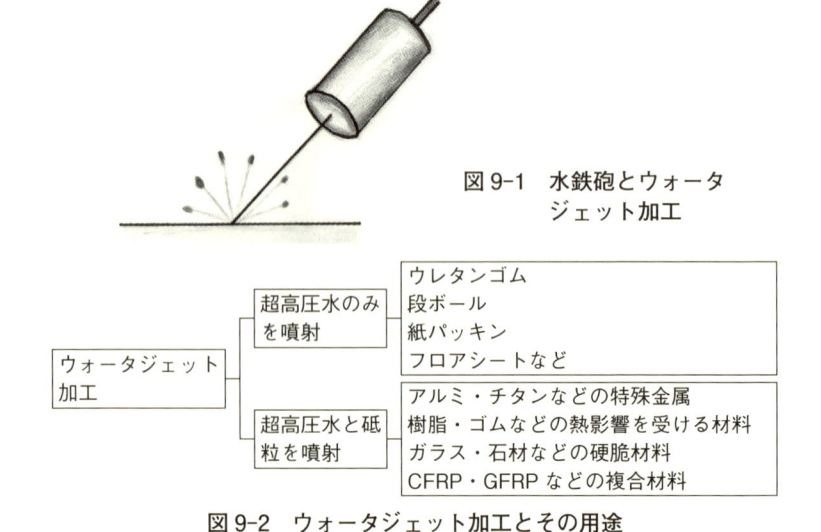

図 9-1　水鉄砲とウォータジェット加工

図 9-2　ウォータジェット加工とその用途

9-2 ウォータジェット加工機とその構成

図9-3にウォータジェット加工機の例を示します[20]。また加工機の主な構成要素を図9-4に示します。この加工機は、X軸、Y軸およびZ軸

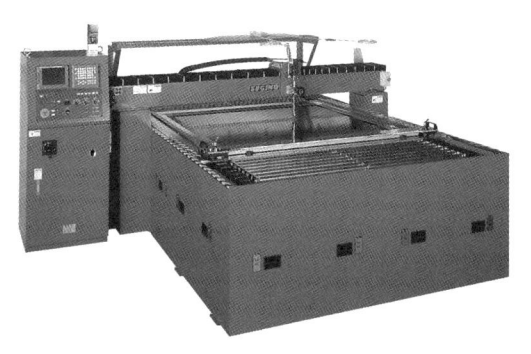

図9-3 ウォータジェット加工機の例 (スギノマシン)

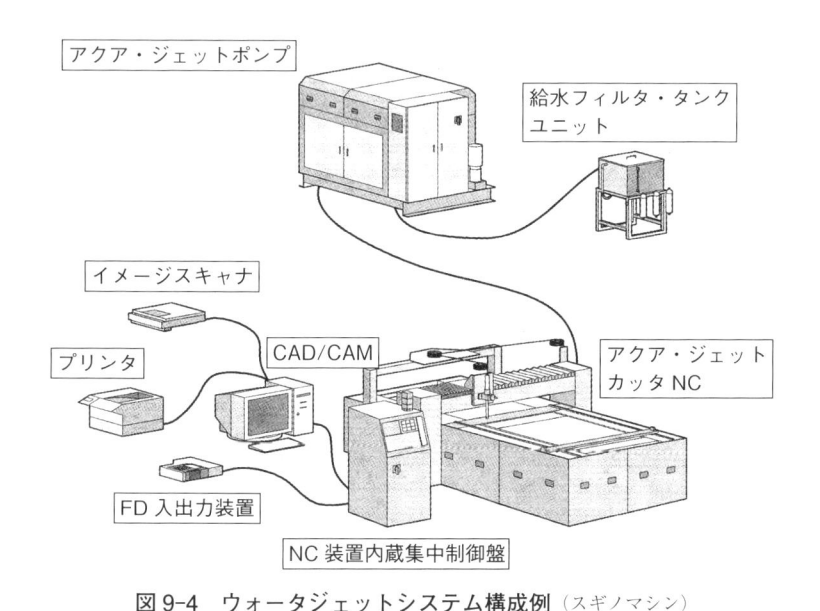

図9-4 ウォータジェットシステム構成例 (スギノマシン)

の3軸数値制御（NC）加工機本体、数値制御装置、給水フィルタ・タンクユニットおよび高圧ジェットポンプなどにより構成されています。

図9-5にアクアジェット加工をしている様子を示します。ノズルから高圧で水を噴射し、その水柱で段ボールや紙などの工作物を加工します。この場合、ノズルと本体のテーブルを数値制御することにより穴あけ加工が行えます。また図9-6にガラスをアブレーシブジェット加工している例を示します。そして図9-7が板厚25 mmの御影石を切断圧力300 MPaで加工した例です。このようにノズルから超高圧水などを噴射し、ノズルおよびテーブルを数値制御することにより穴あけ加工を行うことができます。

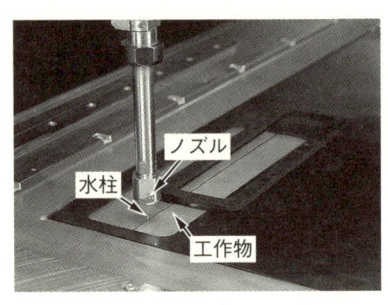

図9-5 アクアジェット加工
（スギノマシン）

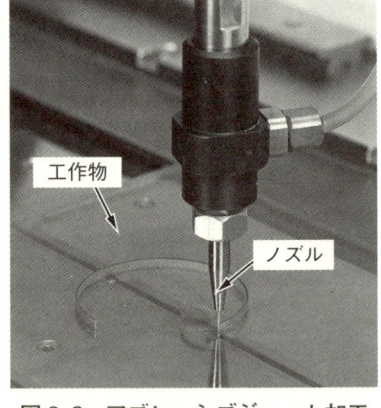

図9-6 アブレーシブジェット加工
（スギノマシン）

図9-7 御影石（板厚25 mm、切断圧力300 MPa）（スギノマシン）

9-3 ● 5軸制御アブレーシブジェット加工機による穴あけ加工

図 9-8 に 5 軸制御のアブレーシブジェット加工機の例を示します[20]。この加工機はノズルが図 9-9 に示すように運動し、その結果、5 軸制御の加工が可能となっています。図 9-10 はアルミニウムを加工（板厚 20 mm、切断圧力 300 MPa）した例です。また図 9-11 は板厚 6 mm のステンレス鋼を加工した例です。このようにアブレーシブジェット加工を用いれば、軟質金属や加工硬化しやすい工作物の複雑形状の穴あけ加工が容易に行えます。

図 9-12 は板厚 20 mm のウレタンゴムの加工例です。また図 9-13 も板厚 20 mm のジュラコン（ポリオキシメチレンあるいはポリアセタールと呼ばれるプラスチック）の加工例です。このようにアブレーシブジェット加工を用いれば、樹脂やゴムなどの熱の影響を受けやすい材料の加工も容易に行えます。

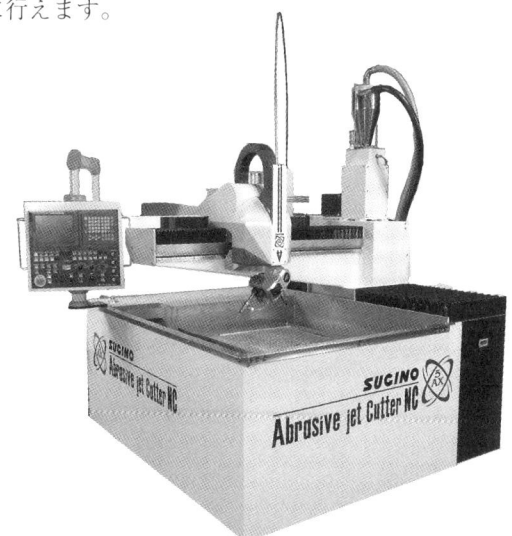

図 9-8　アブレーシブジェット加工機の例（スギノマシン）

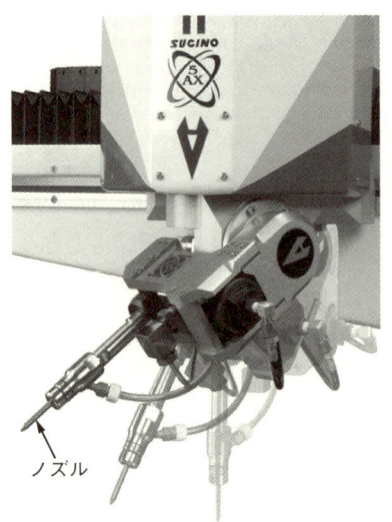

図 9-9　ノズルと 5 軸制御
（スギノマシン）

図 9-10　アルミニウム（板厚 20 mm、切断圧力 300 MPa）
（スギノマシン）

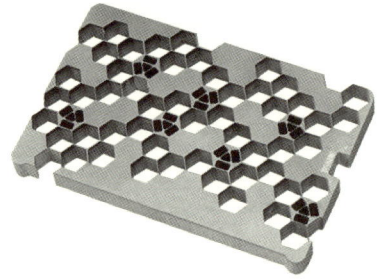

図 9-11　ステンレス（板厚 6 mm、切断圧力 300 MPa）（スギノマシン）

図 9-12　ウレタンゴム（板厚 20 mm）
（スギノマシン）

図 9-13　ジュラコン（板厚 20 mm）
（スギノマシン）

参考文献

1) 佐藤素、渡辺忠明：切削加工、朝倉書店（1984）p119
2) 佐藤素、渡辺忠明：切削加工、朝倉書店（1984）p129
3) 松岡甫篁：新しい穴加工技術、工業調査会（1987）p5
4) 石井滋：内面研削加工の新しい流れ、ツールエンジニア、11（2007）p34
5) 小林輝夫：機械工作入門、理工学社（1994）p200
6) 新井武二：絵とき『レーザ加工』基礎のきそ、日刊工業新聞社（2007）p50

参考資料

7) http://www.okamoto.co.jp/products/index.html
8) http://www.waida.co.jp/products/gdm.htm
9) http://www.gikenn.co.jp/products.html
10) http://www.ndk-kk.co.jp/what/index.html
11) http://www.takesho.co.jp/
12) http://www.diax-net.com/japanese/index.html
13) http://www.makino.co.jp/product/wire/duo43_64.html
14) http://www.nhg-jem.co.jp/product/product.html
15) http://www.sodick.co.jp/product/drilling/index.html
16) http://www.fujisawa-sk.co.jp/pc/
17) http://www.lasex.co.jp/
18) http://www.amada.co.jp/products/bankin/laser/index.html
19) http://wwwf8.mitsubishielectric.co.jp/laser/japanese/
20) http://www.sugino.com/products/yoto/cut.html

索　引

◆英数◆
CO_2 レーザ加工機 ……… 135
YAG レーザ ……………… 140

◆あ行◆
アクアジェット加工 ……… 144
穴ぐり加工 ………………… 57
穴ぐりバイト ……………… 46
穴精度 ……………………… 122
アブレーシブジェット加工 ·· 144
ウォータジェット加工 …… 144
エキシマレーザ …………… 142
円弧切削 …………………… 82
エンドミル ………………… 80

◆か行◆
クイックチェンジホルダ … 62
繰り広げ …………………… 6
ケガキ作業 ………………… 22
工作物回転方式 …………… 7
高速ねじ切り放電加工機 … 127
コンタリング加工 ………… 80

◆さ行◆
座ぐり ……………………… 43
皿もみ ……………………… 42

ジグ研削盤 ………………… 93
沈めフライス ……………… 85
下穴ドリル径 ……………… 8
締め金 ……………………… 37
磁わい振動子 ……………… 101
周波数マッチング ………… 101
小径ドリル ………………… 17
ショックレスハンマ ……… 72
心押し軸 …………………… 47
シンニング ………………… 11
振動子 ……………………… 101
ステップ送り ……………… 32
ストレートシャンクドリル … 51
ストレートシャンクドリルチャック …………………… 67
スリーブ …………………… 25
スローアウエイドリル …… 14
切削工具回転方式 ………… 7
切削油剤 …………………… 35
センタ穴研削 ……………… 97
センタ穴の深さ …………… 49
ソケット …………………… 70

◆た行◆
タングステン電極 ………… 125
段付き穴 …………………… 40

超音波アーバユニット ……… 110	ファイバレーザ ……………… 138
超音波加工 …………………… 101	プランジ研削 ………………… 92
超音波加工用ホーン ………… 103	放電加工 ……………………… 118
超音波研削 …………………… 104	ボーリングヘッド …………… 78
超音波コアリング …………… 106	細穴放電加工 ………………… 122
超音波スピンドルヘッド …… 111	ポンチング …………………… 22
超音波切削 …………………… 114	
超音波内面研削 ……………… 116	◆ま行◆
テーパ穴研削 ………………… 90	マシンバイス ………………… 72
テーパシャンクドリル ……… 53	マンドレル …………………… 97
テーパホルダ ………………… 70	ミーリングチャック ………… 67
電極材 ………………………… 123	溝削り ………………………… 84
電わい振動子 ………………… 101	むく穴加工 …………………… 6
といしの抜けしろ …………… 88	面取りフライス ……………… 85
ドリフト ……………………… 25	
ドリルチャック ……………… 28	◆ら行◆
ドローイングボルト ………… 63	リーマ ………………………… 17
	リーマ代 ……………………… 20
◆な行◆	輪郭研削 ……………………… 95
内径マイクロメータ ………… 83	レーザ加工 …………………… 132
内部給油 ……………………… 12	連続穴研削 …………………… 95
内面研削盤 …………………… 88	ロウソク形ドリル …………… 38
内面コンタリング研削 ……… 96	
斜め穴あけ加工 ……………… 124	◆わ行◆
ねじ穴あけ加工 ……………… 41	ワイヤカット放電加工機 …… 128
	割りコレッドホルダ ………… 108
◆は行◆	
パンチ空気穴 ………………… 121	
火花放電 ……………………… 119	

索引

◎著者略歴◎

海野邦昭（うんの くにあき）

1944年生まれ。職業訓練大学校機械科卒業。工学博士、精密工学会フェロー、職業能力開発総合大学校精密機械システム工学科教授。精密工学会理事、砥粒加工学会理事などを歴任。
主要な著書に、「ファインセラミックスの高能率機械加工」（日刊工業新聞社）、「CBN・ダイヤモンドホイールの使い方」（工業調査会）、「次世代への高度熟練技能の継承」（アグネ承風社）、「絵とき『研削加工』基礎のきそ」（日刊工業新聞社）「絵とき『切削加工』基礎のきそ」（日刊工業新聞社）、「絵とき 研削の実務-作業の勘どころとトラブル対策-」（日刊工業新聞社）、「絵とき『難研削材加工』基礎のきそ」（日刊工業新聞社）「絵とき『治具・取付具』基礎のきそ」（日刊工業新聞社）などがある。

絵とき
「穴あけ加工」基礎のきそ

NDC 532

2009年6月25日　初版1刷発行

（定価は、カバーに表示してあります）

ⓒ	著　者	海野　邦昭
	発行者	千野　俊猛
	発行所	日刊工業新聞社
		〒103-8548　東京都中央区日本橋小網町14-1
	電　話	書籍編集部　03（5644）7490
		販売・管理部　03（5644）7410
	FAX	03（5644）7400
	振替口座	00190-2-186076
	URL	http://www.nikkan.co.jp/pub
	e-mail	info@media.nikkan.co.jp
	企画・編集	新日本編集企画
	印刷・製本	新日本印刷（株）

落丁・乱丁本はお取り替えいたします。
2009　Printed in Japan
ISBN 978-4-526-06281-0 C3053

Ⓡ〈日本複写権センター委託出版物〉
本書の無断複写は、著作権法上での例外を除き、禁じられています。
本書からの複写は、日本複写権センター（03-3401-2382）の許諾を得てください。